笠原将弘的超·鸡料理事典

〔日〕笠原将弘 著
葛婷婷 译

河南科学技术出版社
·郑州·

前言

前作《鸡大事典》出版至今已经两年多了。其间获得各方赞誉，自己也相当有成就感，一度以为已竭尽所能地将鸡料理的相关一切都呈现给了大家，在天国的父亲也会为我感到高兴吧。

承蒙大家的支持，我的料理事业一年比一年兴旺，并得以因相关工作而到世界各地访问交流。首尔、香港、上海、台湾、新加坡、关岛、旧金山、伦敦、巴黎、马德里……在不同的地方与不同的风味相遇，我发现全世界不管哪个地方都有着当地的特色鸡料理，许许多多未曾听说过的鸡料理以各种各样的形式向我袭来。我意识到，以为自己已经穷尽力气研究鸡料理的想法是多么的愚蠢啊！就像全身有电流通过一样，我的内心受到巨大的冲击：原来我对鸡肉还什么都不知道呢！！在天国的父亲也一定会嘲笑我吧。到底之前都做了些什么呀！！鸡肉，请原谅我的无知！！

于是就这样，我开始了崭新的鸡料理之旅。

这本书收录了现阶段我研究实践过的所有鸡料理。我深信，这本倾注了自己全部热爱的书，将会成为鸡料理界的传奇。

希望把我的热爱，传递给世界各地的喜爱鸡料理的你们。

二〇一九年春　于鸟贵族前台

赞否两论　笠原将弘

賛否両論

目录

第3章

整鸡 78

第4章

鸡翅 92

第5章

鸡绞肉 116

第6章

鸡小胸 140

在开始做料理之前

· 1 大勺 =15 mL，1 小勺 =5 mL，1 杯 =200 mL。
· 使用的调味料中，盐为天然盐，砂糖为绵白糖，味醂为本味醂，清酒为日本清酒。
· 火力若没有特别标注，默认为中火。
· 蔬菜若没有特别标注，默认为去皮、去籽或去蒂之后使用。
· 淀粉若没有特别标注，默认使用马铃薯淀粉。
· 水淀粉若没有特别标注，默认为马铃薯淀粉与等量的水混合调汁之后使用。
· 烤箱根据热源种类、功率、制造厂商、机型等的不同，加热时间会有差异。请一边观察一边调节。
· 成品图仅为展示成品视觉效果之用，材料和成品数量请严格依据“材料”和“做法”中的文字说明。
· 个别食谱涉及鸡蛋、鸡小胸等材料的生食做法，其前提是确保使用取得可生食认证的材料，否则存在细菌感染、食物中毒等风险。身体状况不适宜生食者切勿尝试生食做法。

笠原将弘

东京惠比寿的日本料理店“赞否两论”的店主。
1972年，出生于东京。父母在东京武藏小山经营鸡肉串烧店“とり将”（鸡将），耳濡目染从年幼时就开始接受关于料理的品味训练。高中毕业之后在“正月屋吉兆”修习9年，父亲去世之后继承“とり将”。2004年，在“とり将”开业30周年之际决定暂时歇业。同年，以“赞美或批评皆会面对”的坦然心态，作为主厨在东京惠比寿开设“赞否两论”，其迅速成为预约也一座难求的大热名店。2013年在名古屋开设“赞否两论”分店，2014年在东京广尾开设“赞否两论MENS’馆”（后更名）。
同时活跃于电视节目、料理教室、杂志连载、店铺策划等领域中。著有《鸡大事典》《赞否两论 笠原将弘的基本和食》《笠原将弘的上品便当》《笠原将弘的上品暖锅》等图书。

第1章 鸡大胸

口感柔嫩且有益健康，

近几年，鸡大胸成为鸡肉类食材中的人气选手。

曾给人们留下的干柴印象好像都被抹去了一般。

这部分想要介绍给大家的，

是把本就便宜又好吃的鸡大胸变得更好吃、

更高级的食谱。

烹饪要点就在右边的页面中。

◎鸡大胸的烹饪要点

煮

鸡大胸沾裹薄薄一层淀粉，然后一片一片加入煮汁中煮熟，可以享受到表面爽滑、内里柔嫩的口感。

炸

油炸时的面衣，最常用的是面包糠，还可以使用捣碎的玉米片或者烤年糕片，以及米粉等，来呈现各种各样的口感。炸得柔嫩而蓬松的鸡大胸品尝起来最是美味。

斜着削切成片

鸡大胸斜着削切成片，会比较容易熟，成品的味道也会更好。这是鸡大胸处理的基本中的基本。

敲打至变薄

鸡大胸放入食品用保鲜袋中压实，从上面用擀面杖等敲打至变薄，油炸之后成品会变得很酥脆。

改变形状

经常用来制作魔芋的辫子状整形法，也可以用来塑造鸡大胸的形状，这样整形后更适合油炸。卷起来的部分饱含空气，炸出来的成品会更加松脆。

腌渍 1

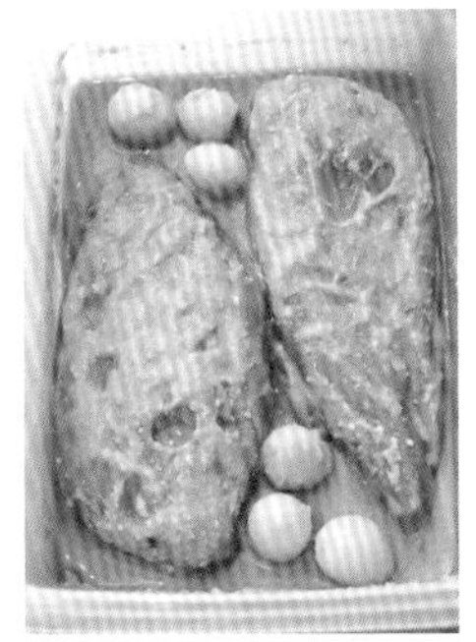

用味噌腌渍时，不需要使用很多的味噌腌渍料，只要在鸡大胸表面均匀涂满味噌腌渍料就可以了。

腌渍 2

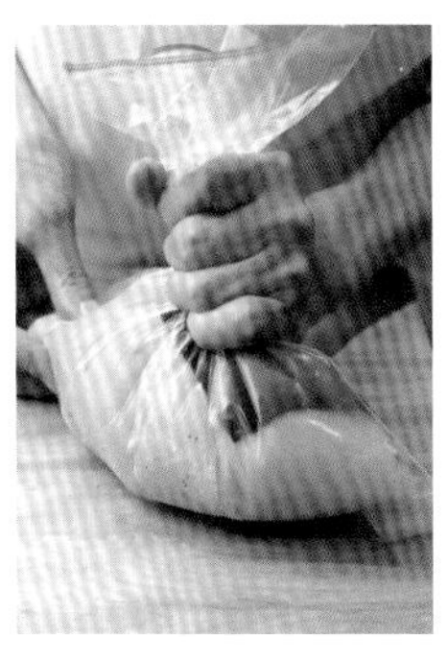

制作沙拉鸡肉时，把鸡大胸放入有密封拉链的食品用保鲜袋中揉搓，再放入冰箱冷藏室中静置一晚使入味。

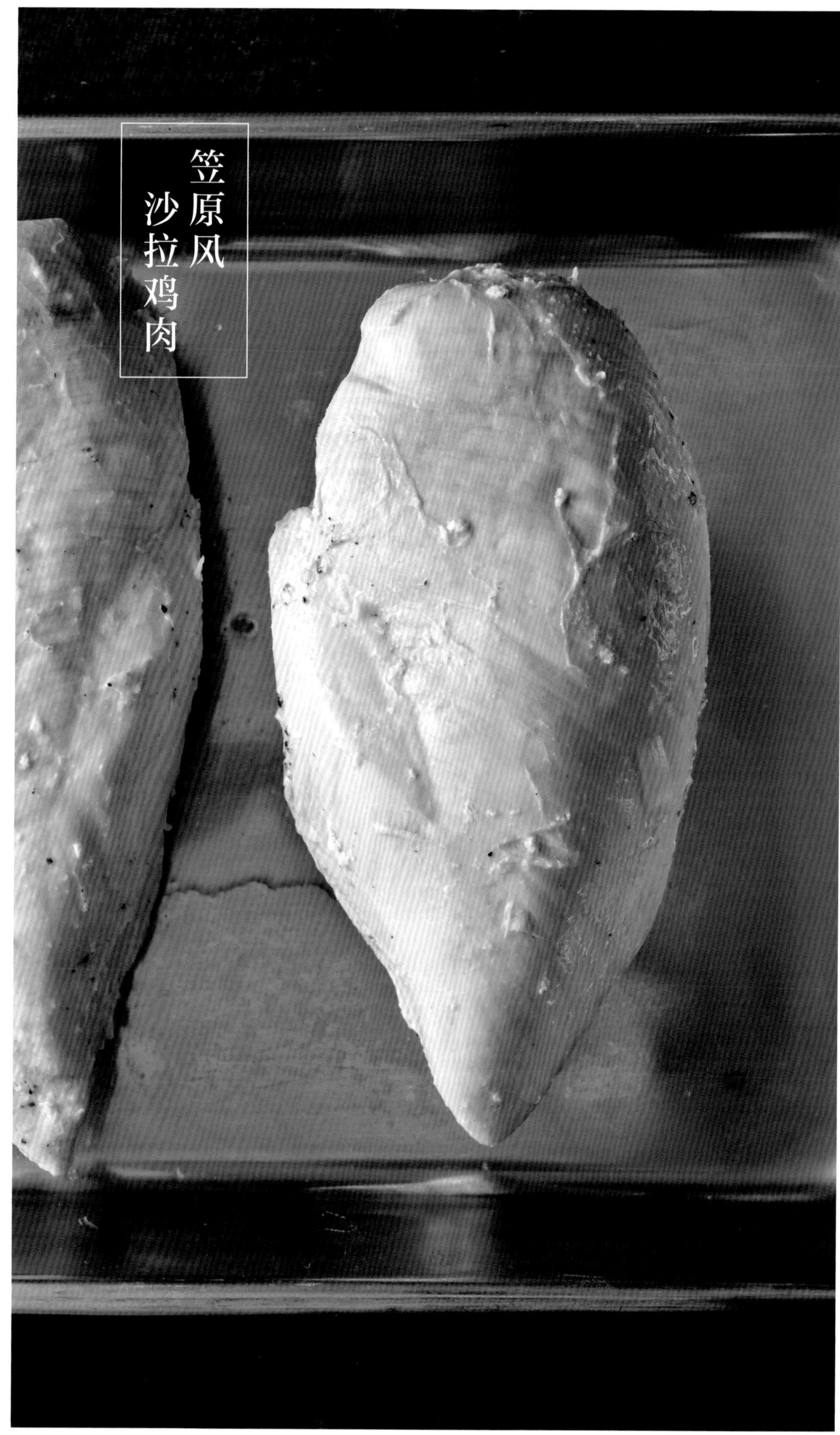

笠原风沙拉鸡肉

材料（2人份）

鸡大胸…2块（约400 g）

洋葱…1/2个

清酒…20 mL

水…20 mL

A

清酒…1/2杯

水…1/2杯

日本出汁昆布*…边长10 cm方片

砂糖…1大勺

粗盐…2小勺

生姜汁…2小勺

柠檬汁…2小勺

胡椒粉…1/2小勺

蒜蓉…1/3小勺

＊日本出汁昆布，指日式料理中制作出汁时一般会选用的真昆布或利尻昆布等。若买不到可使用普通干海带。

做法

1 大碗中放入A的所有材料，充分混合拌匀做成腌渍汁。洋葱切薄片散开成细条。

2 鸡大胸去皮，去除多余的脂肪和小骨头，整形。

3 在2的鸡大胸的两面都用针扎出小孔（见图a）。

4 1的腌渍汁和3的鸡大胸放入食品用保鲜袋中揉搓，尽量挤出空气之后封口，放入冰箱冷藏室中静置一晚使入味（见图b）。

5 4的鸡大胸连同腌渍汁一起倒入大小合适的锅中，加入清酒和水。撒入1的洋葱之后盖上盖子，开火。煮沸之后立刻转小火，保持盖着盖子的状态继续煮5分钟左右。

6 5的鸡大胸上下翻面，再盖好盖子继续煮5分钟左右，熟透之后关火。保持盖着盖子的状态静置至变成常温。

7 连同汤汁一起倒入密封容器中（见图c），放入冰箱冷藏室中保存。食用时切成一口大小，盛入器皿中。

※连带汤汁一起倒入密封容器中，可以在冰箱冷藏室中保存5日左右。

※制作腌渍汁的A的材料还可以在制作鸡高汤时使用。

a

用干净的针在鸡大胸两面扎出40～50个小孔。

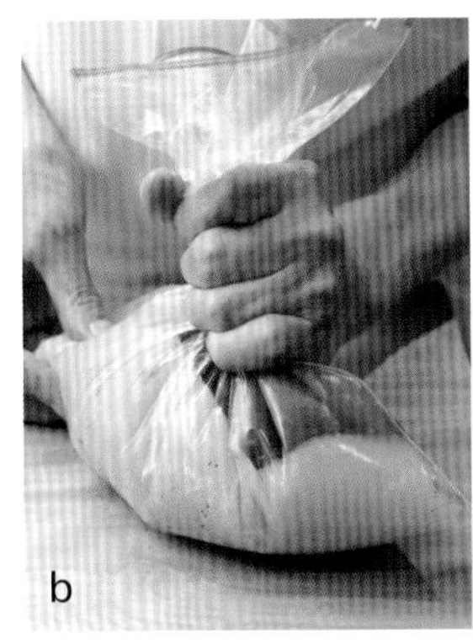

b

鸡大胸和腌渍汁一起放入食品用保鲜袋中，为使充分入味，要把多余的空气挤出来之后再封口。

c

保存的时候不要忘记连同汤汁一起倒入密封容器中。

「这道在街头巷尾超级有人气的沙拉鸡肉，以独创的笠原风鸡料理法完成。」

沙拉鸡肉 茼蒿沙拉

材料（2人份）

笠原风沙拉鸡肉（见p.10）…1块
茼蒿…1/2扎
日本盐昆布*…5 g
炒白芝麻…1大勺
芝麻油…1大勺
辣椒粉…少许

*日本盐昆布，指日本一种多用真昆布加酱油等调味料经由炖煮、干燥等过程而制成的丝状食品。若买不到可使用普通的盐渍海带丝。

做法

1 沙拉鸡肉用手拆散成适合食用的大小。
2 茼蒿摘取叶子，切成容易食用的大小。
3 大碗中放入1的沙拉鸡肉和2的茼蒿叶子，加入日本盐昆布、炒白芝麻、芝麻油之后用手拌匀。
4 盛入器皿中，再撒上辣椒粉。

「茼蒿的微苦，还有若有若无的日本盐昆布的鲜味，与鸡大胸的鲜甜交杂。」

沙拉鸡肉　红洋葱彩椒沙拉

材料（2人份）

笠原风沙拉鸡肉（见p.10）…1块

红洋葱…1个

A

- 砂糖…1大勺
- 盐…1/2大勺

红彩椒…1/2个

黄彩椒…1/2个

B

- 红葡萄酒醋…150 mL
- 蜂蜜…1½大勺
- 淡口酱油…1小勺

腰果（粗粗切碎）…适量

做法

1 红洋葱先纵向切成两半，再切薄片散开成细条，与A的所有材料混合，揉搓至呈黏糊状。

2 两种彩椒均切成细条。

3 1的红洋葱、2的彩椒和B的所有材料一起拌匀，放入冰箱冷藏室中静置30分钟使入味。

4 沙拉鸡肉切成薄片盛入器皿中，放上适量的3的材料，撒上粗粗切碎的腰果。

「彩椒的爽脆感、腰果的颗粒感交织出富有韵律的口感。」

材料（2人份）

笠原风沙拉鸡肉（见p.10）…1块
山药…100 g
樱桃番茄…4个
小葱…3根

A

- 蛋黄…3个
- 醋…3大勺
- 砂糖…2大勺
- 淡口酱油…2小勺

做法

1 在大碗中混合A的所有材料，用打蛋器一边混合，一边隔热水打发至黏稠状态。然后静置至变凉。
2 山药切成5 cm长的细条，樱桃番茄切成两半，小葱切成小圆圈状。
3 沙拉鸡肉切成薄片。
4 3的沙拉鸡肉和山药、樱桃番茄盛入器皿中，再摆上1的醋渍蛋黄，撒上小葱。

沙拉鸡肉 醋渍蛋黄沙拉

「拌上黏黏稠稠的醋渍蛋黄，一口吃下。」

沙拉鸡肉姜片金平*牛蒡沙拉

* 金平，指将切成条的根茎类蔬菜等用油炒后加入糖、酱油等煮的一种日式料理方式。

沙拉鸡肉酱油渍狮子唐辛子沙拉

** 狮子唐辛子，指日本一种不太辣的小个头绿色辣椒。可用其他不太辣的绿色辣椒代替。

材料（2人份）

笠原风沙拉鸡肉（见p.10）…1块
甘酢生姜（市售）…100 g
牛蒡…80 g
胡萝卜…50 g
A
清酒…3大勺
酱油…2大勺
砂糖…1大勺
色拉油…1大勺
炒白芝麻…适量

做法

1 牛蒡和胡萝卜切成5 cm长的火柴棍大小的细条。
2 甘酢生姜挤干水之后切成薄片。
3 平底锅中倒入色拉油加热，放入1和2的材料翻炒。变软之后加入A的所有材料，翻炒至汤汁收干，撒上炒白芝麻。
4 沙拉鸡肉用手拆散，与3的材料一起拌匀。

材料（2人份）

笠原风沙拉鸡肉（见p.10）…1块
狮子唐辛子**…10个
大蒜…1瓣
A
酱油…3/4杯
味醂…2大勺
色拉油…1大勺
鲣鱼干薄片（木鱼花）…适量

做法

1 狮子唐辛子切成圆圈状，大蒜切碎。与A的所有材料混合拌匀，放入冰箱冷藏室中静置30分钟使入味。
2 沙拉鸡肉用手拆散，与适量1的材料一起拌匀。
3 盛入器皿中，撒上鲣鱼干薄片。

「超级下酒、下饭的两道料理，制作都很简单方便。」

沙拉鸡肉　蜜渍葡萄柚草莓沙拉

材料（2人份）

笠原风沙拉鸡肉（见p.10）…1块

葡萄柚…1个

草莓…4颗

A

- 橄榄油…3大勺
- 醋…2大勺
- 蜂蜜…1大勺
- 盐…1/2小勺
- 生姜末…1/2小勺
- 黑胡椒粉…少许

雪维菜…少许

做法

1 沙拉鸡肉切成5~10 mm厚的片。

2 葡萄柚去掉薄皮之后只用果肉部分，掰成大块。草莓切成4等份。

3 在密封容器中放入1和2的材料并混合均匀，然后均匀浇上A的所有材料，放入冰箱冷藏室中静置1小时使入味。

4 盛入器皿中，撒上雪维菜。

「水果有着提升鸡肉鲜美度的魔力，这道料理已经可以归入甜点的范畴了。」

鸡肉味噌渍

材料（2人份）

鸡大胸…2块（约400 g）

鹌鹑蛋…6个

酢橘… 1个

白萝卜苗… 1盒

A

- 味噌…100 g
- 清酒…30 mL
- 砂糖…2大勺

做法

1 鸡大胸去皮，去除多余的脂肪和小骨头，整形。

2 充分混合A的所有材料制成味噌腌渍料，涂满1的鸡大胸表面，放入保存容器中，剩余的味噌腌渍料用来腌渍鹌鹑蛋（见图a）。将保存容器紧紧裹上保鲜膜，放入冰箱冷藏室中静置一晚使入味。

3 用水冲洗掉2的鸡大胸上的味噌腌渍料，用厨房纸把水擦干，切成1 cm厚的片。

4 平底锅中不放油放入3的鸡大胸，煎烤两面至呈现金黄色泽。鹌鹑蛋也稍微煎烤一下。

5 盛入器皿中，摆上切成两半的酢橘和去掉根后的白萝卜苗。

只要在鸡大胸表面均匀涂满味噌腌渍料就可以了。鹌鹑蛋亦然，在表面沾裹上味噌腌渍料即可。

「腌渍可以去除多余的水分，让鸡大胸柔软又有弹性。煎烤出超棒的金黄色泽和焦香味道。」

鸡肉仙贝

材料（2人份）

鸡大胸…1块（约200 g）
盐…少许
黑胡椒粉…少许
淀粉…适量
酢橘… 1个
炸物油…适量

做法

1 鸡大胸去皮，斜着削切成5 mm厚的片。
2 1的鸡大胸两面都用保鲜膜包裹住，从上方用擀面杖敲打成1 mm厚的薄片（见图a）。
3 两面都抹上盐、黑胡椒粉来调味，然后撒上大量的淀粉并用手压实。
4 放入180 ℃左右的炸物油中炸至表面金黄酥脆，其间要一边翻面一边炸3~4分钟。
5 盛入器皿中，摆上切成两半的酢橘。

尽量轻柔地敲打成又扁又薄的状态。

「表面酥脆，内里柔嫩。啊，停不下来，止不住口。」

辫子鸡肉

材料（2人份）
鸡大胸…1块（约200 g）
魔芋…150 g
A
- 酱油…2大勺
- 味醂…2大勺
- 辣椒粉…少许

淀粉…适量
柠檬…1/4个
炸物油…适量

做法

1. 魔芋切成5 mm厚的长形片，用刀划个口子后做成辫子状。放入沸腾的热水中氽烫5分钟左右，用笊篱捞起。
2. 鸡大胸去皮，整形之后切成5 mm厚的长形片，用刀划个口子后做成辫子状（见图a）。
3. 1的魔芋、2的鸡大胸中加入A的所有材料揉搓，再静置10分钟左右使入味。
4. 3的材料沥干汁水之后沾裹上淀粉，放入170 ℃的炸物油中炸3分钟左右。
5. 盛入器皿中，摆上柠檬。

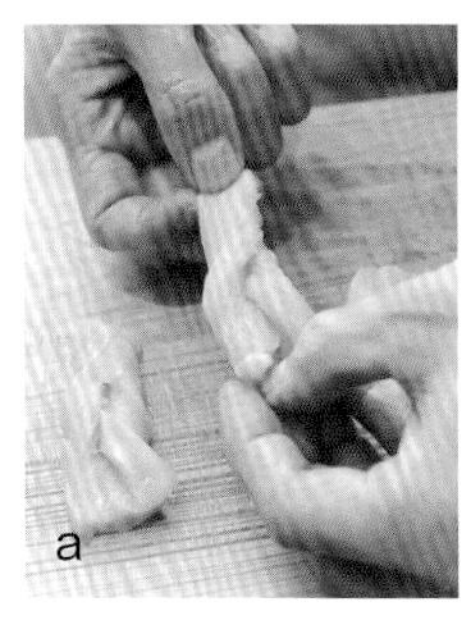

在肉片中央用刀划个口子，然后将肉片一端从刀口中穿过去，做成辫子状。魔芋也同样做成辫子状。

「魔芋和鸡肉做成辫子状，卷起来的部分饱含空气，口感才变得如此松软酥脆。」

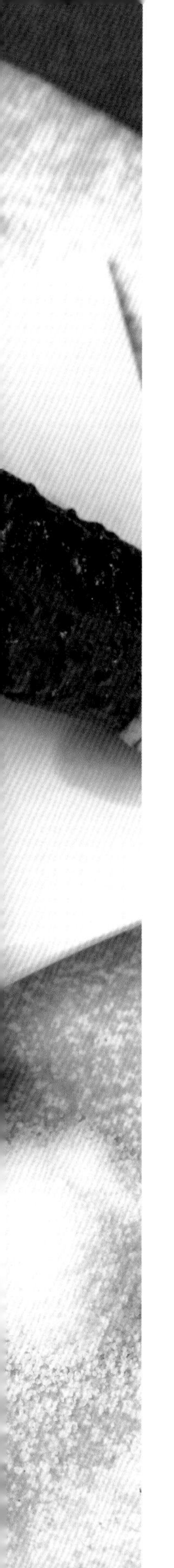

炸鸡肉海苔卷

材料（2人份）

鸡大胸…1块（约200 g）
狮子唐辛子（见p.15）…4个
烤海苔片…1片
A
- 酱油…1大勺
- 味醂…1大勺

米粉…适量
盐…适量
炸物油…适量

做法

1 鸡大胸去皮，肉切成1 cm见方粗的条。
2 1的鸡大胸中加入A的所有材料揉搓，再静置10分钟左右使入味。
3 烤海苔片按照恰能包裹条状鸡大胸一圈且贴合起来的宽度分切好（约16等分），然后把鸡大胸一根一根分别卷起来（见图a）。
4 3的材料沾裹上米粉（见图b）。
5 放入170 ℃的炸物油中炸3分钟左右。狮子唐辛子用刀纵向划一刀，然后素炸。
6 盛入器皿中，再配上适量盐。

烤海苔片紧紧包裹住鸡大胸之后会变得湿润，再沾裹上米粉。

「可以品尝到松软的烤年糕片般的口感，适合作为喝啤酒时的小菜。」

玉米片炸鸡

材料（2人份）

鸡大胸…1块（约200 g）
玉米片（无糖）…100 g
盐…少许
黑胡椒粉…少许
低筋面粉…适量
鸡蛋… 1个
西葫芦（墨绿皮）…1/2个
柠檬…1/4个
A
蛋黄酱…3大勺
TABASCO辣椒酱…少许
炸物油…适量

做法

1 玉米片放入食品用保鲜袋中，用擀面杖等敲至细碎的状态。
2 鸡大胸去皮，肉切成5 mm厚的片，然后用盐、黑胡椒粉调味。鸡蛋打散成鸡蛋液。
3 2的鸡大胸沾裹上低筋面粉。在2的鸡蛋液中浸一下使表面裹上鸡蛋液，再沾上1的玉米片（见图a）。
4 西葫芦切成1 cm厚的圆片。
5 将3的鸡大胸放入170 ℃的炸物油中炸3~4分钟。西葫芦素炸。
6 盛入器皿中，配上混合A的所有材料做成的辣椒蛋黄酱，再摆上柠檬。

在铁盘中铺开玉米片，再放入鸡大胸，使其松松地沾上玉米片。要注意玉米片不要沾得过于密集，否则口感可能会过于脆。

「口感富有冲击力的玉米片和松软的鸡大胸是TABASCO辣椒酱的好搭档。」

什锦天妇罗

材料（2人份）

鸡大胸…1块（约200 g）
洋葱…1/2个
鸭儿芹…1/2扎
A
蛋黄…1个
冰水…3/4杯
低筋面粉…90 g
B
出汁*…180 mL
酱油…2大勺
味醂…2大勺
白萝卜泥…适量
生姜末…适量
低筋面粉…适量
炸物油…适量

*出汁，一般指由日本昆布、鲣节等煮成的日式高汤。

做法

1 洋葱切薄片散开成细条，鸭儿芹切成3 cm长。
2 鸡大胸去皮，肉切成1 cm宽的长形厚片。
3 在大碗中混合A的所有材料。
4 小锅中放入B的所有材料，煮至开始冒泡后再稍煮约30秒即关火，然后静置至变凉。
5 在另一个大碗中放入1和2的材料，撒入低筋面粉后混合拌匀。
6 在5的材料中适量加入3的材料，以切拌的手法混合均匀。
7 取适量6的材料放在木铲上，放入170 ℃的炸物油中炸4~5分钟（见图a）。
8 盛入器皿中，配上白萝卜泥和生姜末。搭配4的蘸汁一起食用。

取适量材料放在木铲上，让其顺着木铲慢慢滑入炸物油中。暂时不要拨弄而使其保持原状，待其浮起来后再用筷子整形。

「切成1 cm宽的鸡大胸和切成细条的洋葱大小相称，有着绝妙的口感。」

鸡肉炒苦瓜

材料（2人份）

鸡大胸…1块（约200 g）
苦瓜…1/2根
洋葱…1/4个
木棉豆腐…150 g
鸡蛋…1个
色拉油…2大勺
黑胡椒粉…少许

A
清酒…1大勺
酱油…1小勺
淀粉…1小勺

B
清酒…1大勺
味醂…1大勺
酱油…1大勺

做法

1 苦瓜去籽和蒂，切成薄片。洋葱切薄片散开成细条。木棉豆腐稍微沥干水。
2 鸡大胸去皮，皮切成细条，肉切成5 mm厚的片之后再切成5 mm宽的条，然后加入A的所有材料揉搓使入味。
3 平底锅中倒入色拉油加热，放入1的苦瓜和洋葱，再放入2的鸡大胸（皮和肉），用中火翻炒。鸡大胸熟了之后，一边用手将豆腐掰成小块一边放入锅中，翻炒均匀。
4 在3的锅中再加入B的所有材料，翻炒均匀。以绕圈的形式加入打散的鸡蛋，快速翻炒均匀。鸡蛋可按照喜好增减。炒好后盛入器皿中，撒上黑胡椒粉。

「虽然猪肉是常规选择，但换成鸡肉也一样不错。炒好之后撒的黑胡椒粉更是点睛之笔。」

黑醋炒煮鸡肉牛蒡

材料（2人份）

鸡大胸…1块（约200 g）
牛蒡…100 g
香菇…2个
洋葱…1/4个

A
- 清酒…1大勺
- 酱油…1小勺
- 淀粉…1小勺

B
- 水…1/2杯
- 蚝油…2大勺
- 味醂…2大勺
- 黑醋…2大勺

色拉油…2大勺
辣椒粉…适量

做法

1. 牛蒡刮去表皮，削铅笔般边转动边削成薄片，用水快速清洗。
2. 香菇去掉柄末端的硬蒂，柄用手撕成细条，伞盖切成薄片。洋葱切薄片散开成细条。
3. 鸡大胸去皮，皮切成细条，肉斜着削切成5 mm厚的片，然后加入A的所有材料揉搓使入味。
4. 平底锅中倒入色拉油加热，放入1的牛蒡和3的鸡大胸（皮和肉）翻炒。鸡大胸熟了之后加入2的材料快速翻炒，再加入B的所有材料翻拌均匀。煮至沸腾后再煮3分钟左右。
5. 盛入器皿中，撒上辣椒粉。

「蚝油和黑醋，与牛蒡和鸡大胸的美味组合。」

咖喱鸡肉炒土豆丝

材料（2人份）

鸡大胸…1块（约200 g）
土豆（五月皇后*）…2个
小葱…3根

A
- 清酒…1大勺
- 酱油…1小勺
- 淀粉…1小勺

B
- 清酒…1大勺
- 酱油…1大勺
- 味醂…1大勺
- 咖喱粉…1小勺
- 黄油…10 g

黑胡椒粉…少许
色拉油…2大勺

*五月皇后，指日本的一个土豆品种，长圆形，炖煮不容易烂。

做法

1 土豆去皮，切成火柴棍大小的细条。放入水中浸泡5分钟左右，再用笊篱捞起沥干水。
2 小葱切成小圆圈状。
3 鸡大胸去皮，皮切成细条，肉切成5 mm厚的片之后再切成5 mm宽的条（见图a），然后加入A的所有材料揉搓使入味。
4 平底锅中倒入色拉油加热，放入1的土豆和3的鸡大胸（皮和肉）翻炒。
5 鸡大胸熟了之后再加入B的所有材料，翻炒均匀。
6 盛入器皿中，撒上2的小葱，再撒上黑胡椒粉。

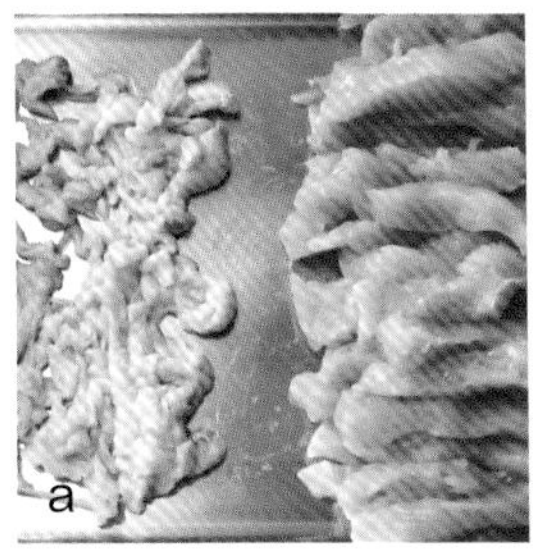

鸡大胸去皮，皮切成细条后和肉一起炒，会更美味。肉切成和土豆细条大致一样的长度，口感会更好。

「鸡肉松软的口感自不必说，有点像酒吧小吃的鸡皮又让美味更上一层楼。」

鸡肉炒韭菜

材料（2人份）

鸡大胸…1块（约200 g）
韭菜…1扎
大葱…1/2根
大蒜… 1瓣

A
清酒…1大勺
酱油…1小勺
淀粉…1小勺

B
清酒…1大勺
味醂…1大勺
酱油…1大勺

色拉油…2大勺

做法

1 韭菜切成5 cm长，大葱斜切成薄片，大蒜切成薄片。

2 鸡大胸去皮，皮切成细条，肉切成5 mm厚的片之后再切成5 mm宽的条，加入A的所有材料揉搓使入味。

3 平底锅中倒入色拉油加热，放入2的鸡大胸（皮和肉）翻炒。炒熟之后加入1的材料，继续翻炒至变软。

4 在3的锅中再加入B的所有材料，快速翻炒均匀。

「韭菜和猪肝当然是经典搭配，但与鲜美的鸡肉搭配却能呈现出更柔和的味道。」

鸡肉炒生菜

材料（2人份）

鸡大胸…1块（约200 g）
圆生菜…1/2个
生姜…10 g

A
- 清酒…1大勺
- 酱油…1小勺
- 淀粉…1小勺

B
- 清酒…1大勺
- 味醂…1大勺
- 盐…1/2小勺

黑胡椒粉…少许
色拉油…2大勺

做法

1 圆生菜切成格子状得到边长3~5 cm的大片（或用手撕成大片）。生姜切成丝。

2 鸡大胸去皮，皮切成细条，肉斜着削切成5mm厚的片，加入A的所有材料揉搓使入味。

3 平底锅中倒入色拉油加热，放入2的鸡大胸（皮和肉）翻炒。炒熟之后加入1的圆生菜和生姜快速翻炒，再加入B的所有材料快速翻炒均匀。

4 盛入器皿中，撒上黑胡椒粉。

「盐、味醂和圆生菜带来清爽好滋味。生姜和鸡皮也起到了很好的提升味道的作用。」

鸡肉茄子炒青紫苏

材料（2人份）
鸡大胸…1块（约200 g）
茄子…3个
青紫苏叶…10片
炒白芝麻…适量

A
清酒…1大勺
酱油…1小勺
淀粉…1小勺

B
清酒…1大勺
味噌…1大勺
味醂…1大勺
酱油…1/2大勺

色拉油…2大勺

做法

1 茄子切成较大的滚刀块，再用水快速清洗。
2 青紫苏叶切成大片。
3 鸡大胸去皮，皮切成细条，肉斜着削切成5 mm厚的片（见图a），然后加入A的所有材料揉搓使入味。
4 平底锅中倒入色拉油加热，放入1的茄子和3的鸡大胸（皮和肉）翻炒。
5 鸡大胸和茄子炒熟之后加入B的所有材料，翻炒均匀。炒好之后加入2的青紫苏叶再快速翻炒一下。盛入器皿中，撒上炒白芝麻。

斜着削切成片，只要快速炒一下就很容易熟，还能保持柔嫩的口感。

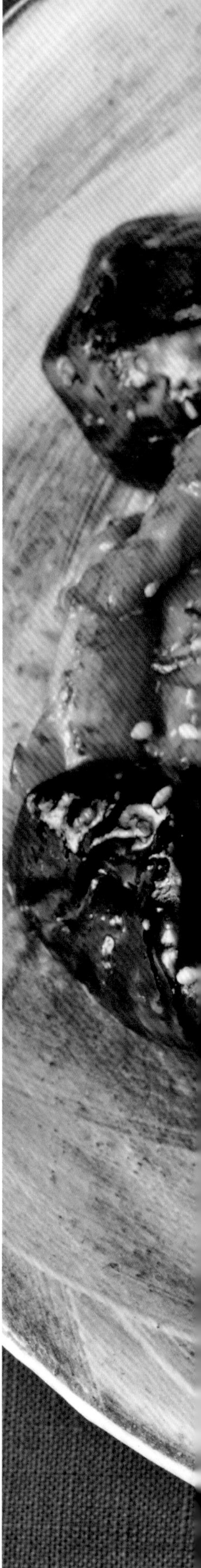

「加了淀粉一起揉搓的鸡大胸炒熟后柔软又有弹性。味噌和酱油的味道超级下饭。」

酸辣鸡肉

材料（2人份）

鸡大胸…1块（约200 g）

A

- 蛋白…1个分*
- 淀粉…1大勺
- 色拉油…1小勺
- 盐…1/2小勺

圆生菜叶… 1片

大葱…1/2根

生姜…10 g

大蒜…1瓣

鸡蛋… 1个

B

- 调味番茄酱…2大勺
- 豆瓣酱…1小勺

C

- 出汁（见p.23）…1杯
- 砂糖…1大勺
- 酱油…1小勺
- 醋…1大勺

水淀粉…2大勺

色拉油…3大勺

*1个分，指1个鸡蛋的蛋白的分量。“分”在“材料”部分的这种用法的含意下同。

做法

1 圆生菜叶切成粗丝。大葱、生姜、大蒜切碎。鸡蛋打散成鸡蛋液备用。

2 鸡大胸去皮，肉切成1 cm厚的一口大小，加入A的所有材料揉搓使入味。

3 平底锅中倒入色拉油加热，放入2的鸡大胸翻炒。半分钟左右炒至两面变白后暂且盛出备用（见图a）。

4 在3的平底锅中放入1的生姜、大蒜和B的所有材料，翻炒。炒至散发出香味之后，加入C的所有材料混合拌匀，再加入大葱。把3的鸡大胸倒回锅中，边煮边翻拌直至整体熟透。

5 加入水淀粉勾芡，再加入鸡蛋液炒至松软。盛入器皿中，摆上切好的圆生菜叶。

鸡大胸炒至两面变白的程度大概需要半分钟，与虾仁一样，鸡大胸也能实现富于弹性的口感。

「预先炒过之后，鸡大胸也能实现像虾仁那样富于弹性的口感。」

鸡大胸治部煮*

*治部煮，指日本石川县金泽市当地传统的一种乡土料理方式。

材料（2人份）

鸡大胸…1块（约200 g）
大葱…1/2根
菠菜…1/2扎
胡萝卜…80 g
香菇…2个
日式油扬豆腐…1片
淀粉…适量
盐…少许
A
出汁（见p.23）…1½杯
酱油…1大勺
淡口酱油…1大勺
味醂…1大勺
砂糖…1大勺
山葵泥…少许

做法

1 大葱切成3 cm长的段，平底锅中不放油，放入大葱直接烘烤至有焦黄色烧痕。
2 菠菜放入加了盐的沸水中焯一下，然后浸泡在凉水中。捞出充分挤干水，切成5 cm长。
3 胡萝卜切成细条。香菇在伞面上切出十字或六角花刀。日式油扬豆腐在沸水中涮一下去除多余的油，然后沥干水，切成2 cm宽。
4 鸡大胸去皮，肉切成5 mm厚的片，沾裹上淀粉。
5 锅中放入A的所有材料，开火。煮沸之后加入3的所有材料，小火煮7~8分钟。
6 加入1的大葱，煮2分钟左右，之后一片一片地放入4的鸡大胸一起煮（见图a）。鸡大胸熟了之后，加入2的菠菜，稍微煮1~2分钟。
7 盛入器皿中，配上山葵泥。

鸡大胸一片一片地慢慢放入，淀粉就不容易粘在一起，煮好之后有着表面爽滑、内里柔嫩的口感。

「凝聚了出汁的鲜美，最后可体会到软嫩湿润的口感。」

第2章 鸡腿肉

一说到鸡肉，就会想到鸡腿肉，
这是一个非常受欢迎的部位。
油炸、照烧、炖煮、焖饭等，
各种做法的鸡腿肉食谱不胜枚举。
这部分特别想要介绍给大家的，
是那些我从孩童时期一直享用到现在、
经过长年研究不断改进味道的严选食谱。

◎鸡腿肉的烹饪要点

全部连带着皮一起切

这是基本中的基本。全部连带着皮一起切分开来，皮与肉的味道融为一体会更好吃。

揉搓使充分入味

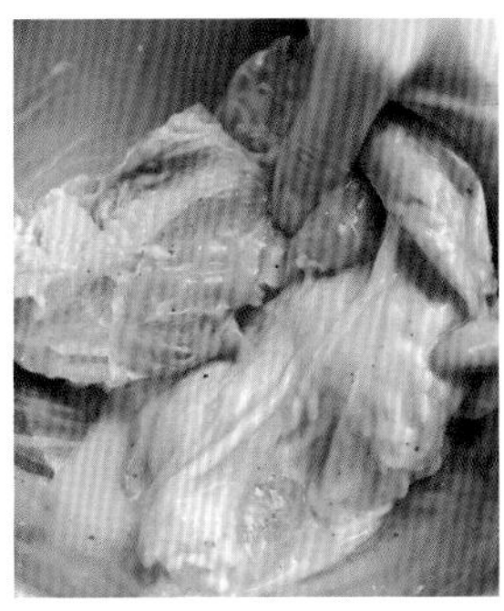

如果腌渍调味后马上要使用，可用手揉搓使充分入味。

填补空缺

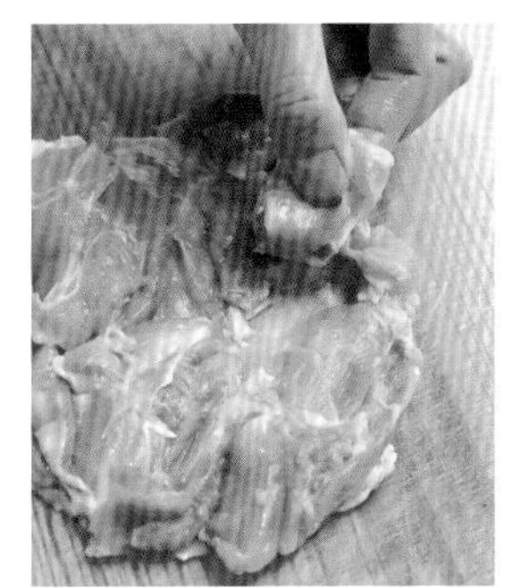

在去除骨头后摊开鸡腿肉，可能会出现凹陷空缺处，可以从肉较厚的部分削下一小块，再填进凹陷空缺处使整体平整一致。

预先氽烫

因为难熟，所以预先氽烫再放入煮汁中煮会更好。这样煮好的汤汁不浑浊且汤色更漂亮，而且也能表现出没有其他杂味的更干净鲜美的味道。

炸两次

因为难熟，所以在制作炸鸡块的时候，第一次炸过之后，暂且静置一会儿后要再炸一次。这样可以炸出表面更酥脆但里面仍松软的状态。

煮整块鸡腿肉

在煮米饭的时候，将已事先调味的鸡腿肉放入一起煮，鲜美的肉汁会渗入每一粒米中，可以起到出汁（见 p.23）的作用。当然，肉也会煮得松软美味。

超赞鸡腿肉唐扬

材料（2~3人份）

鸡腿肉…2块（约600 g）
鸡蛋…1个
淀粉…4大勺
低筋面粉…4大勺
圆生菜叶…1片
柠檬…1/2个

A
酱油…3大勺
味醂…3大勺
大蒜末…1/2小勺
生姜末…1/2小勺

炸物油…适量

做法

1 鸡腿肉纵切成3等份（见图a）。
2 大碗中放入1的鸡腿肉，加入A的所有材料揉搓，再静置15分钟左右使入味。
3 鸡蛋打散，加入2的大碗中，混合均匀后再静置5分钟左右（见图b）。
4 3的鸡腿肉沥干汁水，沾裹上混合好的淀粉和低筋面粉。
5 将4的鸡腿肉放入170 ℃的炸物油中炸3分钟（见图c）。暂且捞出，静置3分钟之后再炸2分钟（见图d）。
6 盛入已铺上圆生菜叶的器皿中，摆上切好的柠檬。

纵切，这样可以同时品尝到上部的大腿肉和下部的小腿肉。

调味料和鸡蛋一起加入的话会很难入味，所以应该在调味之后再加入鸡蛋。加入鸡蛋会让肉质更柔嫩。

鸡腿肉沾裹上混合好的淀粉和低筋面粉，炸出松软又酥脆的超赞鸡腿肉。

为了让鸡腿肉内里柔嫩而表面酥脆，中途暂且捞出，静置一会儿让鸡腿肉接触空气后再炸。

「将鸡腿肉纵切成3等份来炸。因为之前腌渍得十分入味，所以食用时只挤上一些柠檬汁，就已十分好吃了。」

香蔬风味鸡腿肉唐扬 配柠檬盐白萝卜泥

材料（2人份）

鸡腿肉…1块（约300 g）
柠檬…1个
白萝卜…100 g
洋葱…1/4个
芹菜…50 g
胡萝卜…50 g
淀粉…适量

A
粗盐…20 g
蜂蜜…2小勺

B
淡口酱油…2大勺
味醂…2大勺
黑胡椒粉…少许

炸物油…适量

做法

1 柠檬的皮仔细洗干净，擦干水后切成稍粗一点的碎末。与A的所有材料混合拌匀，在常温下静置1日。
2 白萝卜磨成泥，沥干汁水后适量加入1的材料中混合拌匀。
3 洋葱、芹菜、胡萝卜均磨成泥，与B的所有材料一起混合拌匀。
4 鸡腿肉切成一口大小，加入3的材料揉搓，再静置15分钟左右使入味。沥干汁水后沾裹上淀粉。
5 将4的鸡腿肉放入170 ℃的炸物油中炸3分钟左右。暂且捞出，静置3分钟使其接触空气，之后再炸2分钟。
6 盛入器皿中，配上2的柠檬盐白萝卜泥。

「搭配加了蜂蜜的柠檬盐白萝卜泥一起食用，是一道十分健康的唐扬料理。」

肉桂风味鸡腿肉唐扬　配炸香蕉

材料（2人份）

鸡腿肉…1块（约300 g）

香蕉…1根

A

- 酱油…1½大勺
- 味醂…1½大勺
- 肉桂粉…1/2小勺
- 生姜末…1/2小勺

淀粉…适量

B

- 蛋黄酱…3大勺
- 蜂蜜…1大勺
- 黑胡椒粉…少许

炸物油…适量

做法

1 鸡腿肉切成一口大小。香蕉去皮，切成4等份。

2 大碗中混合A的所有材料，放入鸡腿肉充分揉搓，再静置15分钟左右使入味。

3 2的鸡腿肉沥干汁水，沾裹上淀粉。香蕉也沾裹上淀粉。

4 将3的鸡腿肉放入170℃的炸物油中炸3分钟左右。暂且捞出，静置3分钟使其接触空气，之后再炸2分钟。香蕉稍微素炸一下即可。

5 盛入器皿中，配上混合B的所有材料做成的蜂蜜蛋黄酱汁。

「搭配入口即化的炸香蕉和蜂蜜蛋黄酱汁，这是一道魅惑又充满惊喜的唐扬料理。」

材料（2人份）

鸡腿肉…1块（约300 g）

A

- 味噌…1½大勺
- 清酒…1大勺
- 味醂…1大勺
- 山椒粉…少许

淀粉…适量

大葱（切成薄圆圈状）…适量

炒白芝麻…适量

酢橘…1个

炸物油…适量

做法

1 鸡腿肉切成一口大小。

2 大碗中放入A的所有材料，充分混合拌匀。然后放入1的鸡腿肉揉搓，再静置15分钟左右使入味。

3 2的鸡腿肉沥干汁水，沾裹上淀粉。

4 将3的鸡腿肉放入170 ℃的炸物油中炸3分钟左右。暂且捞出，静置3分钟使其接触空气，之后再炸2分钟。

5 盛入器皿中，撒上大葱、炒白芝麻，摆上切好的酢橘。

味噌风味鸡腿肉唐扬

「鸡腿肉事先用山椒粉和味噌等丰富的调味料腌渍后再炸。食用时挤上酢橘汁。」

鸡腿肉唐扬　配山药白萝卜泥

材料（2人份）

鸡腿肉…1块（约300 g）
山药…100 g
白萝卜…100 g
盐…少许
A
　酱油…1大勺
　味醂…1大勺
　芝麻油…1大勺
　辣椒粉…一小撮
酢橘…1个
淀粉…适量
炸物油…适量

做法

1 山药削皮，用刀拍打成糊状。白萝卜磨成泥后沥干汁水，与山药混合后再用盐调味。
2 鸡腿肉切成一口大小。
3 大碗中放入A的所有材料，充分混合拌匀。然后放入2的鸡腿肉揉搓，再静置15分钟左右使入味。
4 3的鸡腿肉沥干汁水，沾裹上淀粉。
5 将3的鸡腿肉放入170 ℃的炸物油中炸3分钟左右。暂且捞出，静置3分钟使其接触空气，之后再炸2分钟。
6 与1的山药白萝卜泥一同盛入器皿中，摆上切好的酢橘。

「炸至表面酥脆的鸡块与还留着少许爽脆感的山药白萝卜泥搭配，口感清爽。」

南蛮炸鸡配秋田渍烟熏萝卜塔塔酱

材料（2人份）

鸡腿肉…1块（约300 g）
卷心菜…1/4个
白萝卜苗…1/3盒
秋田渍烟熏萝卜*…30 g

A
- 蛋黄酱…4大勺
- 小葱（切成小圆圈状）…1大勺
- 黑胡椒粉…少许

樱桃番茄…2个
盐…少许
黑胡椒粉…少许

B
- 鸡蛋…1个
- 低筋面粉…2大勺
- 淀粉…1大勺

C
- 水…1大勺
- 醋…1大勺
- 酱油…1大勺
- 砂糖…1大勺

炸物油…适量

*秋田渍烟熏萝卜，指以日本秋田县为发源地，将白萝卜先用烟熏干再用米糠和盐腌渍而成的一种渍物。

做法

1 卷心菜切成细丝，白萝卜苗去掉根部后按长度切成3等份。混合起来浸泡在水中以保持爽脆口感，再用笊篱捞起沥干水。

2 秋田渍烟熏萝卜切碎，与A的所有材料混合，做成秋田渍烟熏萝卜塔塔酱。

3 鸡腿肉用盐、黑胡椒粉调味，静置5分钟左右。

4 大碗中放入B的所有材料，充分混合拌匀做成面衣糊。放入3的鸡腿肉浸一下使表面裹上面衣糊，再放入冰箱冷藏室中静置15分钟左右待用。

5 将4的鸡腿肉放入170 ℃的炸物油中炸5分钟左右。暂且捞出静置3分钟，上下翻面后再炸5分钟。

6 5的鸡腿肉切成一口大小，盛入器皿中。混合C的所有材料做成甜醋汁，均匀地淋在鸡腿肉上，再浇上2的秋田渍烟熏萝卜塔塔酱，摆上1的卷心菜和白萝卜苗，以及樱桃番茄。

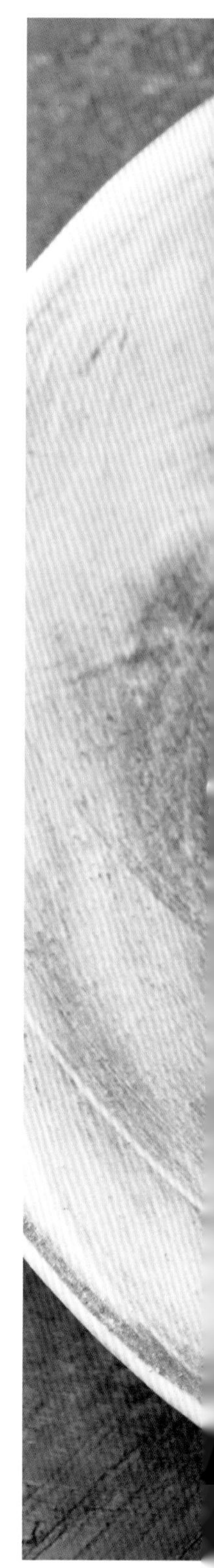

「淋上甜醋汁，搭配秋田渍烟熏萝卜塔塔酱，变身为人人口味的南蛮炸鸡。」

南蛮炸鸡配藠头咖喱塔塔酱

材料（2人份）

南蛮炸鸡（见p.44）…1块
（不配秋田渍烟熏萝卜塔塔酱，配卷心菜、白萝卜苗、樱桃番茄）

藠头…30 g

水煮鸡蛋…1个

A
- 蛋黄酱…4大勺
- 咖喱粉…1/2小勺
- 蜂蜜…1小勺

做法

1 藠头和水煮鸡蛋切成稍粗一点的碎末。

2 1的材料与A的所有材料混合拌匀，做成藠头咖喱塔塔酱。

3 把切成一口大小的南蛮炸鸡盛入器皿中，浇上2的藠头咖喱塔塔酱。再摆上同p.44一样处理好的卷心菜、白萝卜苗和樱桃番茄。

「咖喱粉、蜂蜜、蛋黄酱，再加上藠头和水煮鸡蛋，简直是梦幻般的塔塔酱配方。」

南蛮炸鸡配梅盐昆布塔塔酱

材料（2人份）

南蛮炸鸡（见p.44）…1块

（不配秋田渍烟熏萝卜塔塔酱，配卷心菜、白萝卜苗和樱桃番茄）

梅干（红色品种）…1个

日本盐昆布（见p.12）…10 g

青紫苏叶…3片

炒白芝麻…1小勺

A

- 蛋黄酱…4大勺
- 砂糖…1/2小勺
- 山葵泥…1/2小勺

做法

1 梅干去核后用刀剁成蓉。

2 日本盐昆布和青紫苏叶切成细丝。

3 1的梅干、2的日本盐昆布和青紫苏叶与炒白芝麻、A的所有材料一起混合拌匀，做成梅盐昆布塔塔酱。

4 把切成一口大小的南蛮炸鸡盛入器皿中，浇上3的梅盐昆布塔塔酱。再摆上同p.44一样处理好的卷心菜、白萝卜苗和樱桃番茄。

「味道既清爽又富有冲击力的塔塔酱。非常下饭。」

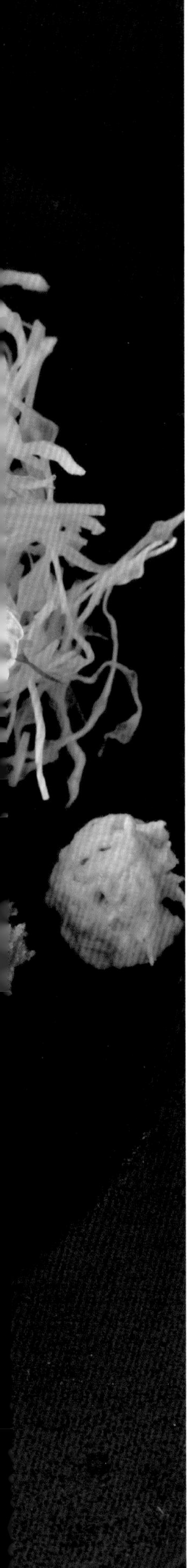

炸鸡排配和风浓缩酱汁

材料（2人份）

鸡腿肉…1块（约300 g）
盐、胡椒粉…各少许
低筋面粉…适量
A
- 鸡蛋…1个
- 牛奶…1/4杯
- 低筋面粉…50 g

生面包糠…适量
B
- 红葡萄酒…3大勺
- 酱油…1大勺
- 味醂…1大勺
- 调味番茄酱…1大勺

卷心菜…1/4个
白萝卜苗…1/3盒
黄芥末酱…少许
炸物油…适量

做法

1 卷心菜切成细丝，白萝卜苗去掉根部后按长度切成3等份。混合起来浸泡在水中以保持爽脆口感，再用笊篱捞起沥干水。

2 鸡腿肉去皮，皮切成细条，肉用盐、胡椒粉调味后静置5分钟左右备用。

3 A的所有材料充分混合拌匀做成面衣糊。将2的鸡腿肉的肉先沾裹上低筋面粉，然后放入面衣糊中浸一下使表面裹上一层面衣糊，最后沾裹上生面包糠。

4 将3的鸡腿肉的肉放入170 ℃的炸物油中炸5分钟左右。暂且捞出静置3分钟，上下翻面后再炸5分钟。

5 平底锅加热，放入2的鸡腿肉的皮翻炒。熟了之后加入B的所有材料，煮沸之后继续煮至酱汁变得十分浓稠。

6 4的鸡腿肉的肉切成一口大小盛入器皿中，浇上5的鸡皮及浓缩酱汁，再摆上1的蔬菜，配上黄芥末酱。

「搭配凝聚了鸡皮鲜味的上品酱汁,是超美味的炸鸡排。」

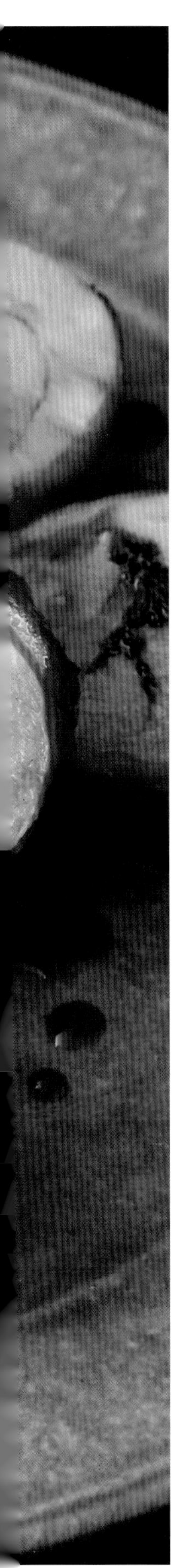

鸡肉八幡卷　小葱

材料（2人份）

鸡腿肉…1块（约300 g）

小葱…6根

白萝卜…100 g

辣椒粉…少许

A

- 清酒…1/4杯
- 味醂…1/4杯
- 酱油…20 mL

色拉油…1大勺

做法

1 白萝卜磨成泥，与辣椒粉混合均匀。

2 鸡腿肉去除多余的脂肪和小骨头，摊开整平（见图a）。把小葱横着放在鸡腿肉上，然后将鸡腿肉裹着小葱卷起来（见图b）。用风筝线在一端捆绑打结之后绕圈捆绑整体，另一端也同样捆绑打结（见图c）。

3 平底锅中倒入色拉油加热，放入2的材料，一边转动一边煎至整体呈现金黄色。

4 用厨房纸擦拭去3的平底锅中的多余油脂，加入A的所有材料。煮沸之后转小火，盖上铝箔纸再继续煮7~8分钟，直至汤汁变得浓稠。

5 解开风筝线，鸡腿肉切成一口大小盛入器皿中，再配上1的辣椒粉白萝卜泥。

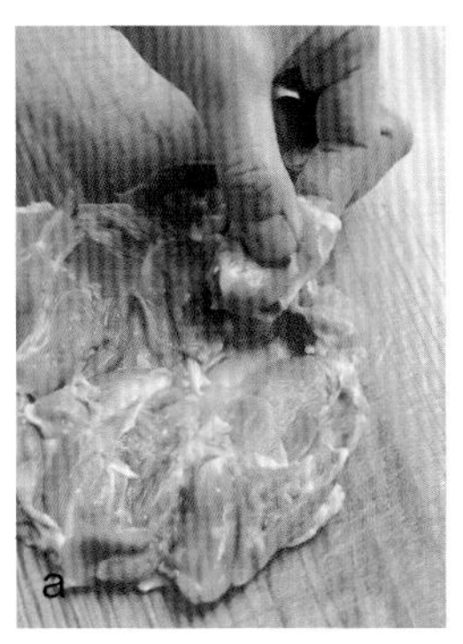

a

尽量摊平整，有凸起的地方就削掉，有凹陷的地方就填平。

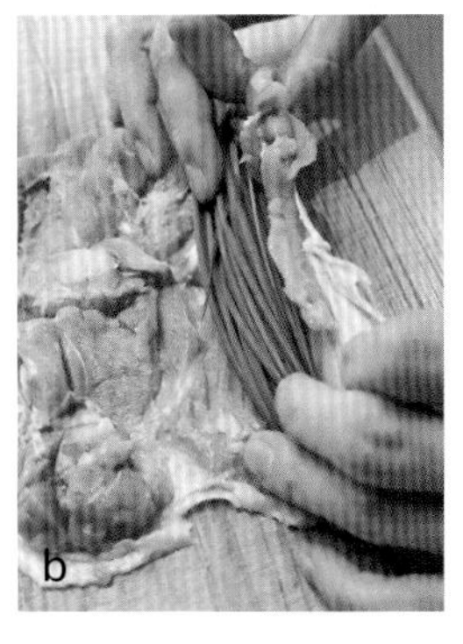

b

小葱要配合鸡腿肉的大小来切，横着堆叠在一起，卷起鸡腿肉使小葱成为内馅。

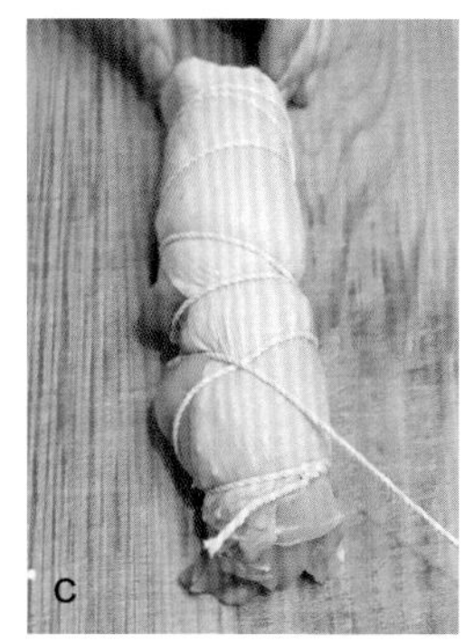

c

首先在其中一端捆绑打结，再绕圈捆绑整体，最后在另一端也捆绑打结。

「鸡腿肉的鲜美肉汁包裹着小葱。搭配混合了辣椒粉的白萝卜泥。」

鸡肉八幡卷 牛蒡配山椒白萝卜泥

材料（2人份）

鸡腿肉…1块（约300 g）
牛蒡…50 g
白萝卜…100 g
山椒嫩叶…5 g
盐…少许
A
清酒…1/4杯
味醂…1/4杯
酱油…20 mL
山椒粉…1/2小勺
色拉油…1大勺

做法

1 白萝卜磨成泥，山椒嫩叶粗粗切碎，再将两者混合拌匀。
2 牛蒡配合鸡腿肉的大小切成长段，再纵切为4等份。放入水中煮至变软。
3 鸡腿肉去除多余的脂肪和小骨头，摊开整平。把2的牛蒡沥干水后横着放在鸡腿肉上，然后将鸡腿肉裹着牛蒡卷起来。用风筝线在一端捆绑打结之后绕圈捆绑整体，另一端也同样捆绑打结。整体撒上盐。
4 平底锅中倒入色拉油加热，放入3的材料，一边转动一边煎至整体呈现金黄色。
5 用厨房纸擦拭去4的平底锅中的多余油脂，加入A的所有材料。煮沸之后转小火，盖上铝箔纸再继续煮7 ~ 8分钟。
6 煮至汤汁变得浓稠，撒上山椒粉。
7 解开风筝线，鸡腿肉切成一口大小盛入器皿中，再配上1的山椒白萝卜泥。

「牛蒡是鸡肉的绝配自不必说，再搭配粗粗切碎的山椒嫩叶，更增添了迷人的香气。」

鸡肉八幡卷　芝麻拌茼蒿

材料（2人份）

鸡腿肉…1块（约300 g）
茼蒿…1/2扎
A
炒白芝麻…1大勺
酱油…1大勺
砂糖…1/2大勺
酢橘…1个
清酒…2大勺
盐…适量
芝麻油…1大勺

做法

1 茼蒿放入加了盐的沸水中焯一下，用笊篱捞起来充分挤干水。再切成3~5 cm长，与A的所有材料一起拌匀。
2 鸡腿肉去除多余的脂肪和小骨头，摊开整平。把1的茼蒿横着放在鸡腿肉上，然后将鸡腿肉裹着茼蒿卷起来。用风筝线在一端捆绑打结之后绕圈捆绑整体，另一端也同样捆绑打结。整体都撒上少许的盐。
3 平底锅中倒入芝麻油加热，放入2的鸡腿肉，一边转动一边煎至整体呈现金黄色。
4 用厨房纸擦拭去3的平底锅中的多余油脂，鸡腿肉洒上清酒。转小火，盖上铝箔纸再煮7~8分钟。
5 解开风筝线，鸡腿肉切成一口大小盛入器皿中，再摆上切好的酢橘。

「分量满满的用炒白芝麻、砂糖、酱油拌好的茼蒿。挤上酢橘汁食用更清爽。」

鸡肉八幡卷 紫苏梅干蘘荷

材料（2人份）

鸡腿肉…1块（约300 g）
蘘荷…2个
青紫苏叶…3片
梅干…1个
盐…少许
山葵泥…少许
清酒…2大勺
色拉油…1大勺

做法

1 蘘荷和青紫苏叶切丝。梅干去核之后用刀剁成蓉。
2 鸡腿肉去除多余的脂肪和小骨头，摊开整平。把1的材料横着放在鸡腿肉上，然后将鸡腿肉裹着材料卷起来（见图a）。用风筝线在一端捆绑打结之后绕圈捆绑整体，另一端也同样捆绑打结。整体撒上盐。
3 平底锅中倒入色拉油加热，放入2的鸡腿肉，一边转动一边煎至整体呈现金黄色。
4 用厨房纸擦拭去3的平底锅中的多余油脂，鸡腿肉洒上清酒。转小火，盖上铝箔纸再煮7~8分钟。
5 解开风筝线，鸡腿肉切成一口大小盛入器皿中，再配上山葵泥。

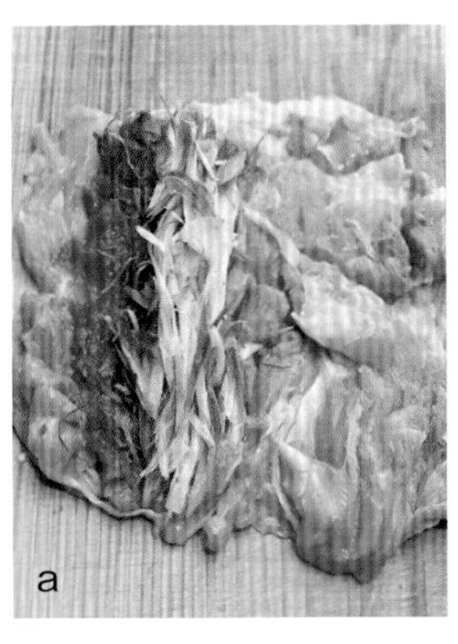

a

蘘荷丝、梅干蓉、青紫苏叶丝配合鸡腿肉的大小并排放在鸡腿肉上。

「不需要熬煮汤汁，慢慢煎煮后再搭配山葵泥食用也是种新形式。」

鸡肉八幡卷 红彩椒配番茄酱汁

材料（2人份）

鸡腿肉…1块（约300 g）
红彩椒…1/2个
小葱（切成小圆圈状）…少许
盐、黑胡椒粉…各少许

A

- 番茄汁…3/4杯
- 味醂…1大勺
- 淡口酱油…1/2大勺
- 生姜末…1/2小勺

色拉油…1大勺

做法

1 红彩椒切成细条。

2 鸡腿肉去除多余的脂肪和小骨头，摊开整平。把1的红彩椒横着放在鸡腿肉上，然后将鸡腿肉裹着红彩椒卷起来。用风筝线在一端捆绑打结之后绕圈捆绑整体，另一端也同样捆绑打结。整体撒上盐。

3 平底锅中倒入色拉油加热，放入2的鸡腿肉，一边转动一边煎至整体呈现金黄色。

4 用厨房纸擦拭去3的平底锅中的多余油脂，加入A的所有材料。煮沸之后转小火，盖上铝箔纸再继续煮7~8分钟。

5 解开风筝线，鸡腿肉切成一口大小盛入器皿中。撒上小葱、黑胡椒粉，配上4的平底锅中剩余的酱汁。

「同时享受彩椒和番茄的新鲜口感，以及鸡腿肉的甜美滋味。」

鸡肉八幡卷 芹菜配白葡萄酒黄油酱汁

材料（2人份）

鸡腿肉…1块（约300 g）
芹菜…50 g
盐…少许
A
白葡萄酒…1/4杯
味醂…2大勺
淡口酱油…1/2大勺
樱桃番茄…4个
黄油…20 g
色拉油…1大勺

做法

1 芹菜去筋，切成细条。
2 鸡腿肉去除多余的脂肪和小骨头，摊开整平。把1的芹菜横着放在鸡腿肉上，然后将鸡腿肉裹着芹菜卷起来。用风筝线在一端捆绑打结之后绕圈捆绑整体，另一端也同样捆绑打结。整体撒上盐。
3 平底锅中倒入色拉油加热，放入2的鸡腿肉，一边转动一边煎至整体呈现金黄色。
4 用厨房纸擦拭去3的平底锅中的多余油脂，加入A的所有材料。煮沸之后转小火，盖上铝箔纸再继续煮7～8分钟。
5 加入樱桃番茄和黄油，晃动平底锅使黄油乳化，得到浓稠而顺滑的酱汁。
6 解开风筝线，鸡腿肉切成一口大小，与平底锅中剩余的酱汁一起盛入器皿中，再摆上樱桃番茄。

「裹着芹菜的八幡卷带来了新的口感，再搭配上白葡萄酒与酱油、黄油等组成的浓郁酱汁。」

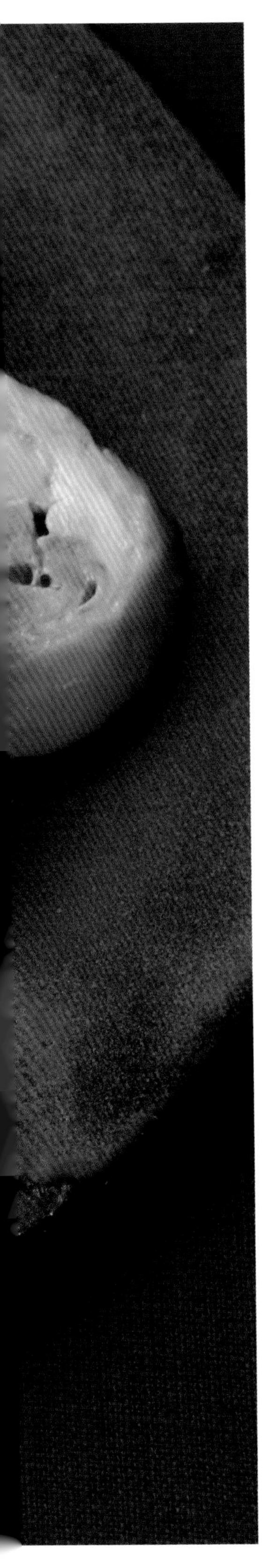

鸡肉火腿

材料（2人份）

鸡腿肉…2块（约600 g）
洋葱…1/2个
芹菜…50 g
胡萝卜…50 g
大蒜…2瓣

A
- 月桂叶…1片
- 丁香…5粒
- 日本出汁昆布（见p.11）…5 g
- 黑胡椒粒…10粒

B
- 水…1½L
- 清酒…1杯
- 盐…120 g
- 砂糖…90 g

西洋菜…1/2扎
粗粒黄芥末酱…少许

做法

1 洋葱切薄片散开成细条，芹菜、胡萝卜切成薄片，大蒜切成两半。
2 锅中放入1的材料、A的所有材料、B的所有材料，开火。煮至沸腾后关火，静置至变凉。
3 鸡腿肉去除多余的脂肪和小骨头，摊开整平。卷成圆条，再用风筝线绑好（见图a）。
4 在2的锅中放入3的鸡腿肉，连锅一起放入冰箱冷藏室中腌渍一晚。
5 4的锅开中火加热，慢慢煮至即将沸腾时关火（见图b）。盖上厨房纸，静置冷却至不烫手的程度。放入冰箱冷藏室中，浸泡一晚使入味。
6 解开风筝线，鸡腿肉切成一口大小盛入器皿中。摆上西洋菜，配上粗粒黄芥末酱。

※将鸡腿肉浸泡在煮汁中保存在密封容器中，放入冰箱冷藏室中可保存5日左右。

a 用风筝线在一端捆绑打结之后绕圈捆绑整体，另一端也同样捆绑打结。

b 不要一口气煮至沸腾，慢慢地煮可以让成品更柔嫩。

「预先腌渍一晚之后再煮，会更入味，
可以品尝到柔嫩、多汁又紧实的鸡腿肉。」

鸡豆腐

材料（2人份）

鸡腿肉…1块（约300 g）

木棉豆腐… 1块

白魔芋丝…1袋

大葱…1根

A

- 出汁（见p.23）…1杯
- 清酒… 1杯
- 酱油… 1/2杯
- 砂糖… 3大勺

日本柚子（香橙）皮… 少许

做法

1 木棉豆腐擦拭干余水，切成4等份。

2 白魔芋丝放入沸水中快速氽烫，用笊篱捞起，切成容易食用的大小。

3 大葱斜切成短段。

4 鸡腿肉切成一口大小，放入沸水中稍微氽烫一下，捞起沥干水（见图a）。

5 平底锅中放入A的所有材料，开火。煮沸之后放入1的木棉豆腐、2的白魔芋丝、3的大葱、4的鸡腿肉，转小火，盖上铝箔纸再继续煮15分钟左右。煮的过程中要不时撇去浮沫。

6 盛入器皿中，摆上切成丝的日本柚子皮。

氽烫至鸡腿肉外层变白即可。这样氽烫后可以去除杂味。

「肉豆腐的鸡肉版本，柔和的味道慢慢渗入豆腐和白魔芋丝中。」

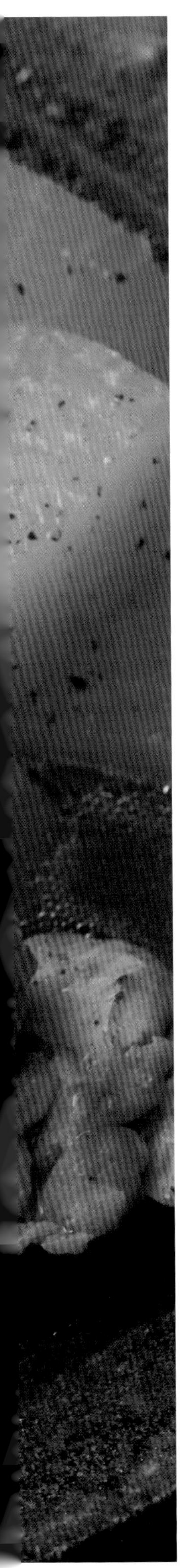

盐煮鸡肉白萝卜

材料（2人份）
鸡腿肉…1块（约300 g）
白萝卜…400 g
A
出汁（见p.23）…2杯
味醂…2大勺
盐…1小勺
黑胡椒粉…少许
色拉油…1大勺

做法

1 白萝卜切成2 cm厚的扇形片，放入水中煮15分钟左右。
2 鸡腿肉切成一口大小。
3 平底锅中倒入色拉油加热，放入1的白萝卜和2的鸡腿肉翻炒。鸡腿肉炒至呈现金黄色、整体都出油之后（见图a），加入A的所有材料。煮沸之后撇去浮沫，转小火，盖上铝箔纸再继续煮15分钟左右。
4 白萝卜煮至变软之后，将鸡腿肉和白萝卜都盛入器皿中，撒上黑胡椒粉。

鸡腿肉炒至如图所示的上色程度即可，这样能锁住鲜味。

「白萝卜吸收了鸡腿肉的鲜味，太好吃了。用盐和出汁炖煮出来的柔和味道。」

鸡肉南瓜田舍煮

材料（2人份）

鸡腿肉…1块（约300 g）
南瓜…1/4个
蘘荷…1个
小鱼干…10条
A
　水…2杯
　酱油…2大勺
　砂糖…2大勺

做法

1 南瓜去籽和蒂，去皮时各处均匀地保留部分皮，切成一口大小。
2 鸡腿肉切成一口大小。
3 小鱼干去除内脏。
4 蘘荷切成薄圆圈状。
5 将2的鸡腿肉表皮面朝下放在平底锅中，煎烤至呈金黄色。再稍微煎烤一下另一面，加入A的所有材料。
6 加入1的南瓜，注意不要与鸡腿肉重叠在一起。再加入3的小鱼干。煮沸之后转小火，盖上铝箔纸再继续煮10分钟左右。
7 盛入器皿中，摆上4的蘘荷。

「小鱼干和鸡腿肉的双重鲜美，再加上南瓜的微微甘甜。」

鸡肉卷纤汤

材料（2人份）

鸡腿肉…200 g
莲藕…100 g
胡萝卜…50 g
香菇…2个
木棉豆腐…100 g
鸭儿芹…2根
A
出汁（见p.23）…3杯
清酒…1大勺
淡口酱油…1大勺
盐…少许
水淀粉…1大勺
芝麻油…1大勺

做法

1 莲藕、胡萝卜切成一口大小的滚刀块。香菇切成薄片。鸡腿肉切成一口大小。
2 鸭儿芹切成1 cm长。
3 锅中倒入芝麻油加热，放入1的所有材料翻炒。待所有材料全都均匀裹上芝麻油之后加入A的所有材料，煮沸之后转小火，再继续煮10分钟左右。
4 木棉豆腐边用手撕扯成小块边放入锅中，煮5分钟左右。加入水淀粉勾芡，再加入盐调味。
5 加入2的鸭儿芹，稍微煮一下即可。

「根茎类蔬菜、豆腐、香菇、鸡腿肉，不同食材的鲜美滋味融合在一起。」

味噌焖鸡

材料（2人份）
鸡腿肉…1块（约300 g）
魔芋…150 g
牛蒡…80 g
胡萝卜…50 g
白萝卜…100 g
A
出汁（见p.23）…2½杯
味噌…3大勺
清酒…2大勺
淡口酱油…1小勺
砂糖…1大勺
大葱…1/4根
辣椒粉…少许

做法

1 魔芋用手撕扯成一口大小。放入沸水中汆烫5分钟左右，沥干水。
2 牛蒡斜切成薄片，胡萝卜和白萝卜切成5 cm厚的扇形片。一起放入水中煮10分钟左右，捞起沥干水。
3 鸡腿肉切成一口大小，在沸水中稍微汆烫一下，沥干水。
4 锅中放入A的所有材料，开火煮。煮沸之后加入1的魔芋、2的所有蔬菜、3的鸡腿肉，再次煮沸后撇去浮沫，转小火炖煮20分钟左右。
5 大葱切成薄圆圈状。
6 盛入器皿中，摆上5的大葱，撒上辣椒粉。

「所有食材都事先烫煮处理后再小火炖煮，需要付出时间和精力，而味道澄澈干净的汤汁正是回馈。」

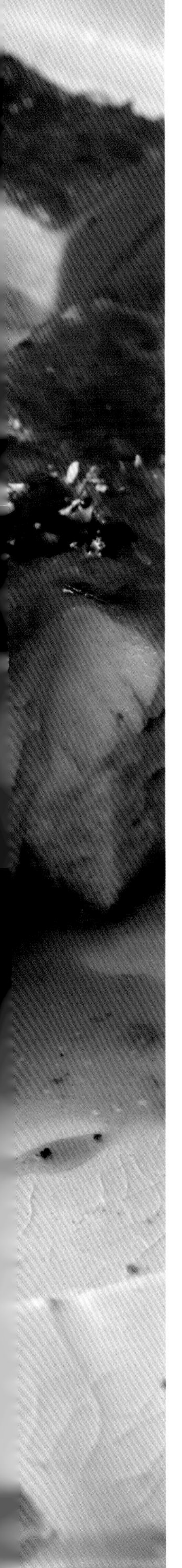

鸡肉双拼

材料（2~3人份）

鸡腿肉…1块（约300 g）

鸡绞肉…200 g

低筋面粉…少许

A

- 鸡蛋…1/2个
- 酱油…1大勺
- 砂糖…1大勺
- 生姜末…1小勺

B

- 清酒…3/4杯
- 酱油…2大勺
- 味醂…1大勺
- 砂糖…1大勺

山椒粉…少许

色拉油…1大勺

做法

1 鸡腿肉去除多余的脂肪和小骨头。将较厚的部分划开，整体摊开让厚度均等一致，再整体沾裹上低筋面粉。

2 大碗中放入鸡绞肉和A的所有材料，用手充分揉捏拌匀。再铺到1的鸡腿肉上（见图a），用刮刀或者勺子延展摊平（见图b）。

3 平底锅中涂上一层色拉油，放入2的鸡腿肉，先从表皮面开始煎。煎至呈现金黄色之后翻面，转小火，盖上铝箔纸再继续煎10分钟左右。然后翻面再煎一次表皮面，使其更酥脆。

4 擦拭去3的平底锅中的多余油脂，加入B的所有材料。煮至汤汁稍微变得浓稠，再开大火继续煮至收汁且食材表面呈现光泽感，关火。

5 充分变凉之后切成一口大小。盛入器皿中，撒上山椒粉。

a

鸡腿肉先沾裹低筋面粉，再铺上已调味的鸡绞肉。

b

用刮刀等把边缘处的鸡绞肉也仔细地摊平。

「鸡腿肉和鸡绞肉重叠在一起煎，梦幻般的多汁鸡肉汉堡。」

鸡腿肉南蛮烧

材料（2人份）
鸡腿肉…1块（约300 g）
洋葱…1/4个
胡萝卜…20 g
大蒜…1瓣
小葱…3根
白萝卜…50 g
炒白芝麻…2小勺
A
酱油…2大勺
味醂…2大勺
醋…2大勺
圆生菜叶…1片
低筋面粉…适量
色拉油…1大勺

做法

1 洋葱、胡萝卜、大蒜切碎，小葱切成小圆圈状。
2 白萝卜磨成泥后沥干水。
3 1的所有材料、2的白萝卜、A的所有材料和炒白芝麻一起混合拌匀。
4 鸡腿肉薄薄裹上一层低筋面粉。
5 平底锅中倒入色拉油加热，放入4的鸡腿肉，先从表皮面开始煎。煎至呈现金黄色之后翻面，再继续煎5~6分钟。
6 擦拭去5的平底锅中的多余油脂，加入3的材料。煮沸之后转小火，煮至收汁且食材表面呈现光泽感。
7 鸡腿肉切成一口大小，盛入已铺上圆生菜叶的器皿中，再浇上6的剩余的酱汁。

「煎得酥脆的鸡腿肉，
加入少许的醋等调味料和满满的蔬菜碎末。」

鸡肉饭

材料（2人份）

鸡腿肉…200 g
香菇…4个
胡萝卜…50 g
菠菜…1/3扎
鸡蛋…1个
盐、黑胡椒粉…各适量
米饭…2碗（共300 g）
炒白芝麻…少许

A
- 出汁（见p.23）…3杯
- 淡口酱油…2大勺
- 味醂…2大勺

B
- 出汁…1/2杯
- 酱油…1大勺
- 味醂…1大勺

色拉油…1大勺

做法

1 锅中放入A的所有材料，开火煮。煮沸之后放入鸡腿肉，小火煮10分钟左右。关火，静置备用。

2 香菇切成薄片，与B的所有材料一起放入另一个锅中，开火煮。煮沸之后转小火，煮至汤汁基本收干。关火，静置放凉。

3 鸡蛋中加入少许盐后打散成鸡蛋液。平底锅中倒入色拉油加热，倒入鸡蛋液摊匀煎成薄饼状。然后取出切成粗丝。

4 胡萝卜切成5 cm长的细丝，菠菜也切成5 cm长。分别放入加了盐的沸水中汆烫一下，再用笊篱捞起沥干水。

5 取出1的鸡腿肉（汤汁作为酱汁待用），用手撕成细条，撒上少许盐、黑胡椒粉。

6 2的香菇、3的鸡蛋、4的蔬菜、5的鸡腿肉各取半量依次放在1碗米饭上，再撒上少许的炒白芝麻。还可以浇上适量加热好的1的汤汁作为酱汁。

「首先吃其原味，再浇上酱汁像茶泡饭那样吃，用两种方式品尝美味。」

材料（2人份）

鸡腿肉…1块（约300 g）
狮子唐辛子（见p.15）…4个
鸡蛋…2个

A

出汁（见p.23）…2大勺
砂糖…1大勺
酱油…1小勺

B

清酒…3大勺
酱油…3大勺
味醂…3大勺
砂糖…1大勺

烤海苔丝…适量
米饭…2大碗（共480 g）
色拉油…2大勺
山椒粉…少许

做法

1 鸡蛋打散，与A的所有材料混合。玉子烧专用锅中倒入1大勺色拉油加热，制作玉子烧。
2 平底锅中倒入剩余的色拉油，放入鸡腿肉，先从表皮面开始煎。充分煎至呈金黄色之后翻面，再继续煎5~6分钟。在平底锅空余处煎狮子唐辛子，取出待用。
3 擦拭掉2的平底锅中的多余油脂，加入B的所有材料，小火煮让汤汁越来越浓稠直至收汁且食材表面呈现光泽感。撒上山椒粉，鸡腿肉切成一口大小。
4 米饭浇上少许3的汤汁。烤海苔丝、3的鸡腿肉、1的玉子烧、2的狮子唐辛子各取半量依次摆在1大碗米饭上。

煎鸡腿肉盖饭

「玉子烧的甘甜和煎鸡腿的鲜美自不必说，浸透了汤汁的米饭味道也非常棒。」

奶酪焗鸡肉

材料（2人份）

鸡腿肉…1块（约300 g）
洋葱…1/2个
蟹味菇…1袋
通心粉…50 g
黄油…20 g
A
- 出汁（见p.23）…1杯
- 牛奶…1杯
- 淡口酱油…1大勺
- 味醂…1大勺

盐、黑胡椒粉…各适量
水淀粉…2大勺
马苏里拉奶酪碎…50 g
面包糠…1大勺

做法

1 洋葱切薄片散开成细条。蟹味菇去掉柄末端的硬蒂，拆散。

2 通心粉放入加了少许盐的沸水中，煮至七八成熟。

3 鸡腿肉切成一口大小。

4 平底锅中放入黄油，开火加热。加入1的洋葱和蟹味菇、2的通心粉、3的鸡腿肉混合翻炒，再分别撒入少许盐、黑胡椒粉。

5 在4的锅中加入A的所有材料，煮沸之后撇去浮沫，转小火，盖上铝箔纸再继续煮10分钟左右。

6 在5的锅中加入水淀粉勾芡（见图a）。再用盐、黑胡椒粉调味，放入耐热容器中。再均匀撒上马苏里拉奶酪碎和面包糠，将耐热容器放入烤箱中，烤至表面呈现金黄色泽即可。

不用加入面粉制作白酱，用水淀粉勾芡会更简单、轻松。

「不使用面粉，以出汁为基础的奶酪焗料理。
入口滋味醇厚而后味清淡，是只有鸡肉才能带来的美妙享受。」

新加坡风味鸡饭

材料（2人份）

鸡腿肉…1块（约300 g）

A

- 清酒…1大勺
- 酱油…1大勺
- 生姜末…1小勺

大米…360 mL

番茄…1个

黄瓜… 1根

大葱…1/4根

香菜…少许

黑胡椒粉…少许

B

- 酱油…1大勺
- 蚝油…1/2大勺
- 大蒜末…1/2小勺

C

- 鱼露…1大勺
- 柠檬汁…1大勺
- 蜂蜜…1小勺
- 辣椒粉…少许

做法

1 大米洗干净。

2 鸡腿肉中加入A的所有材料揉搓，再静置10分钟使入味。

3 番茄切成薄片，黄瓜切成细丝，大葱白色部分切成细丝，香菜切成3~5 cm长。

4 将大米放入电饭煲中，加入比对应刻度略少一点的水，将2的鸡腿肉放在大米上，撒上黑胡椒粉，然后选择“煮饭”功能（见图a）。

5 B和C的所有材料分别混合拌匀，做成2种口味的蘸汁。

6 煮好之后的鸡腿肉切成一口大小，与3的材料一起盛入器皿中。再盛入米饭，搭配5的蘸汁一起食用。

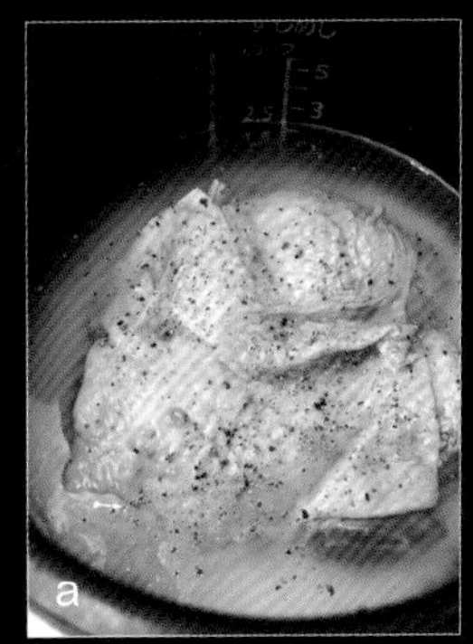

在大米上放上鸡腿肉一起煮。

「富含肉汁的鸡腿肉和每一粒米都浸透美味精华的米饭一起组成了这美妙的鸡饭。用电饭煲短时间内就能做好。」

第3章

整鸡

喜欢鸡料理的诸位，

想必多半都曾想要尝试料理一只整鸡。

为了有这种想法的大家，

这部分不但会教授使用整鸡的食谱，

还会介绍整鸡的分切方法。

整鸡可以在鸡肉专卖店或者肉铺购买。

请大家亲自动手来分切整鸡，

并利用这里所介绍的食谱来享用各个部位吧。

※分切整鸡时使用小出刃刀（刃长约12 cm）会更方便。

◎分切鸡腿肉

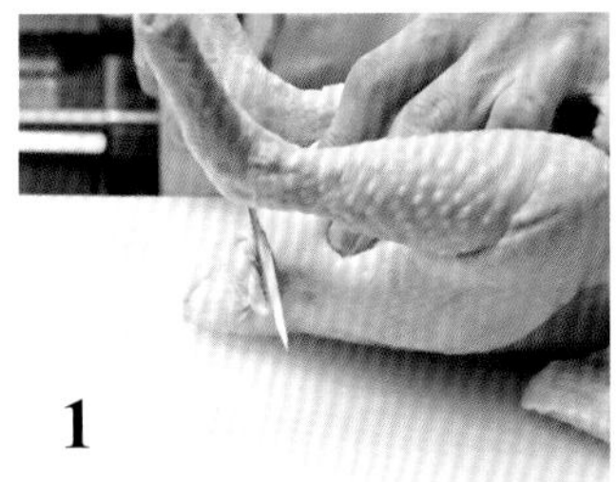

将整鸡腹部朝上平放在案板上。鸡身末端是略微突出的鸡屁股部位，其中含有可用于料理的鸡尾肉。

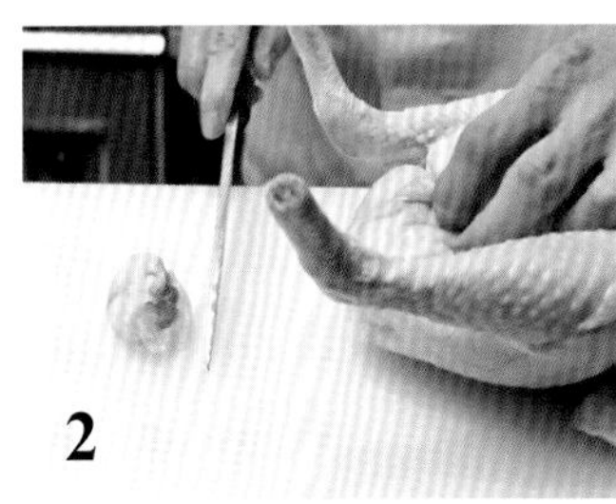

把鸡屁股切下来。

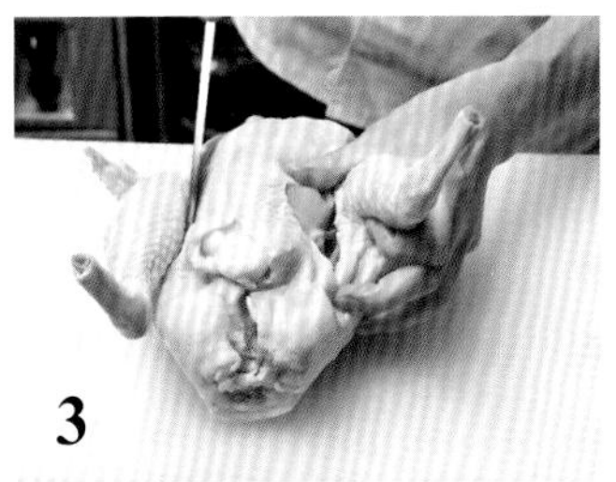

从鸡腿和鸡身的连接处下刀割开一道口子。

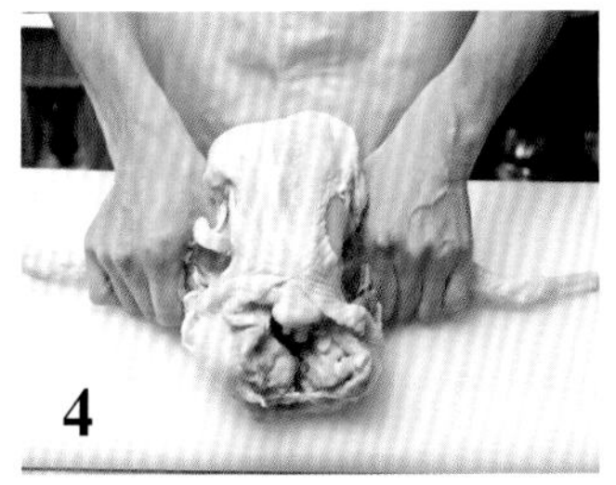

两手抓住鸡腿，从鸡腿根部用力向下折使关节处断开。然后沿着鸡腿根部的骨头继续切开。

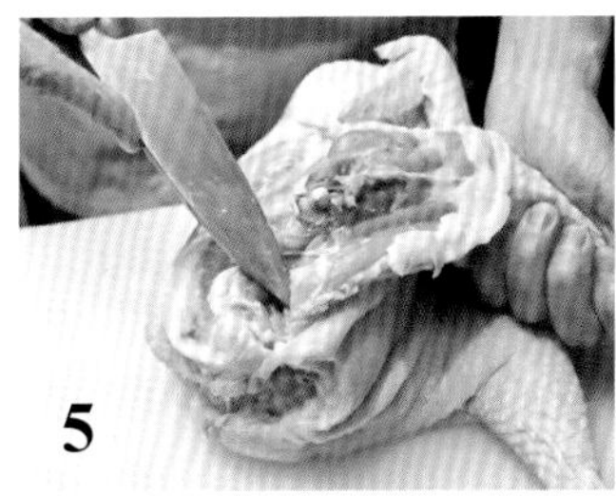

握着鸡腿往头部的方向扯。

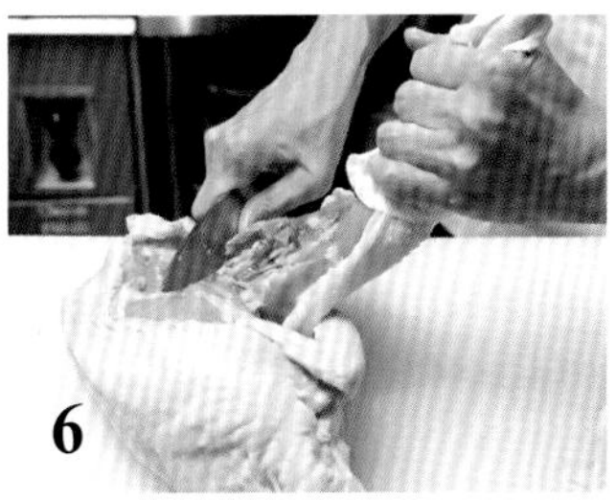

如果不能扯断鸡腿和鸡身连接处的鸡皮，就直接用刀切断。

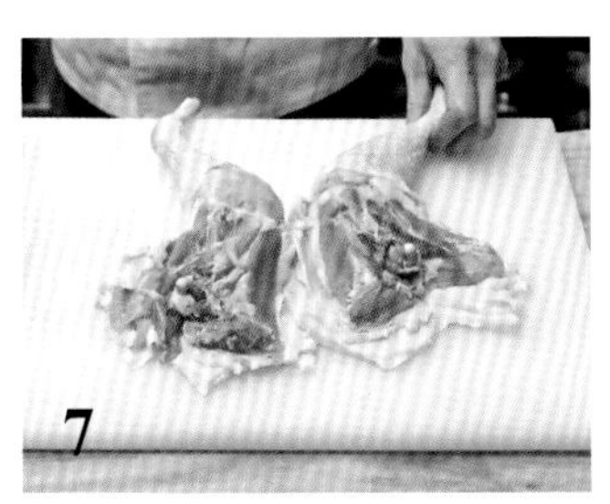

另一侧的鸡腿也以同样的方式操作。

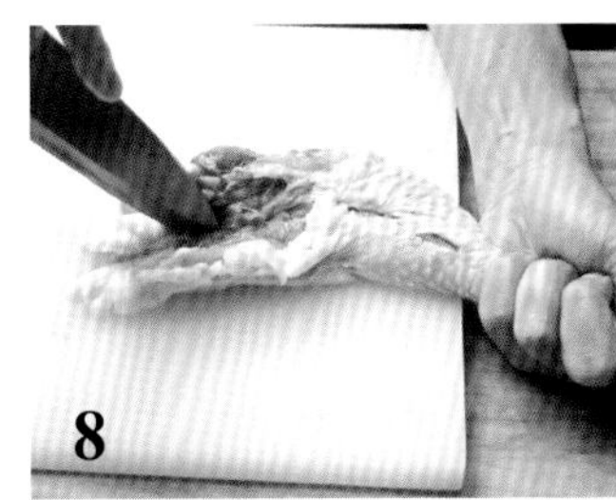

沿着细长的胫骨在鸡小腿正中纵向割开一道口子，然后用刀剥离骨头周围的肉。

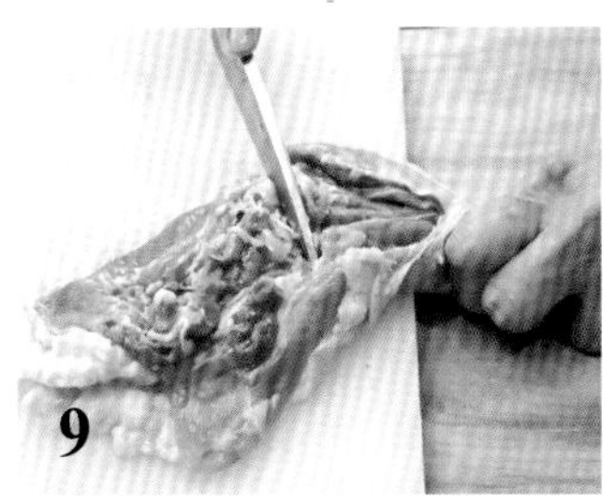

在正中央的膝关节处下刀。

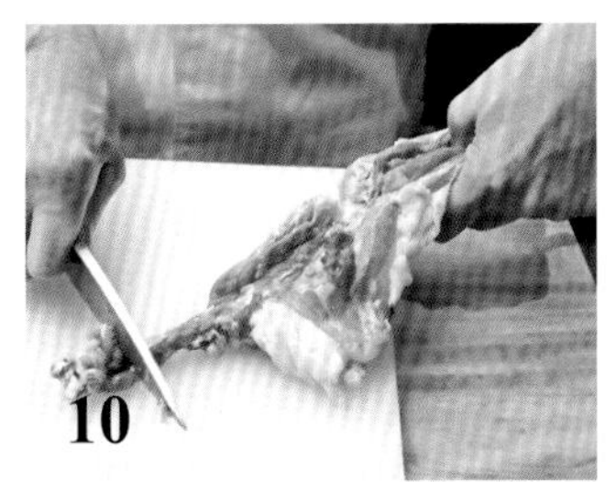

去除上部鸡大腿的骨头。

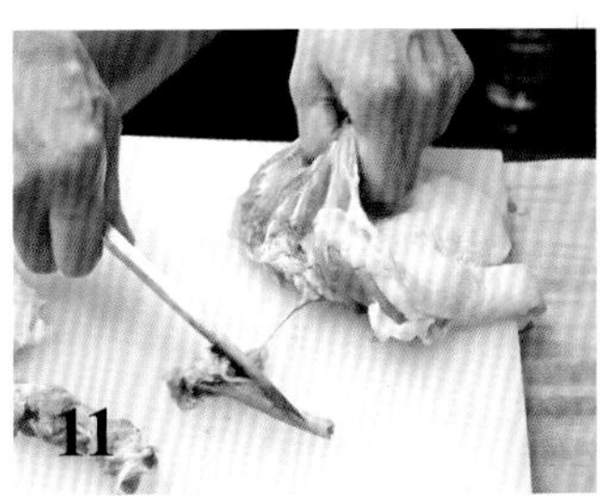

切去下部鸡小腿的胫骨。

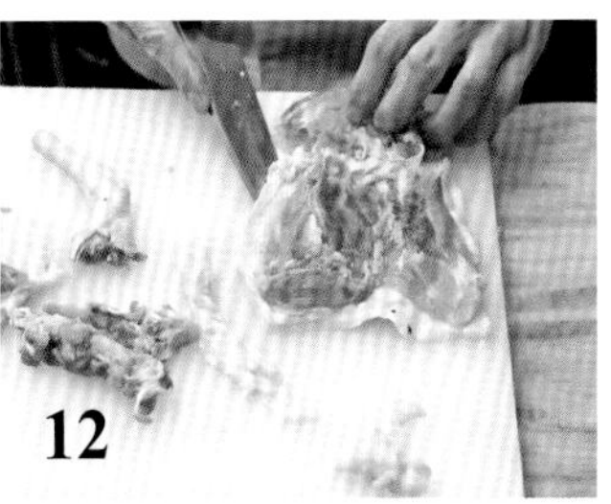

去除多余的脂肪。

◎分切鸡大胸

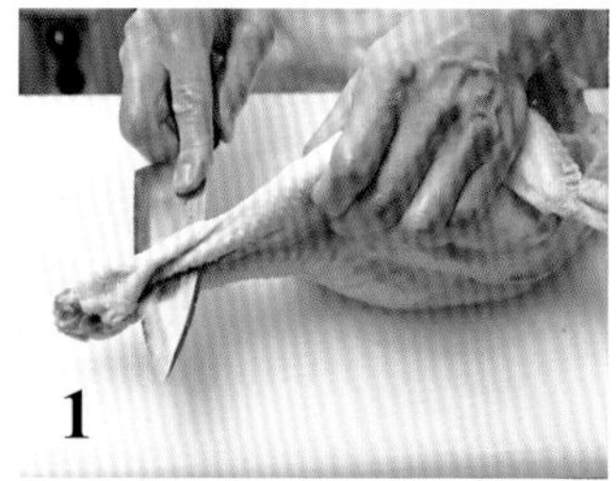

像削皮一样去除脖子周围的皮。

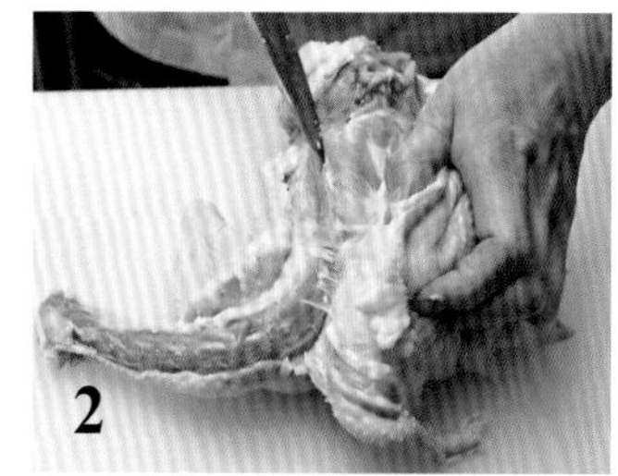

沿着背脊骨下刀。

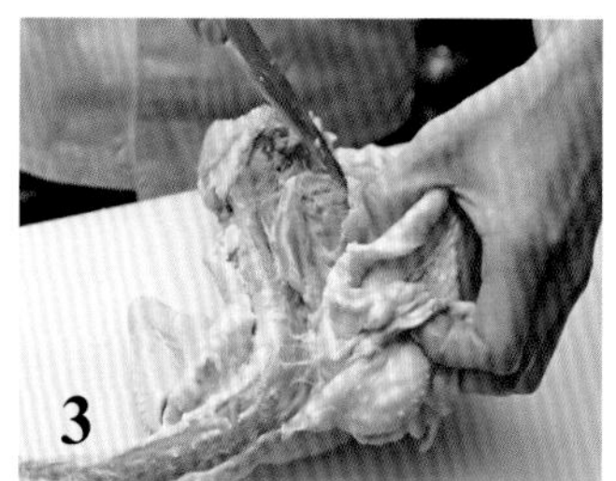

割开一道口子。

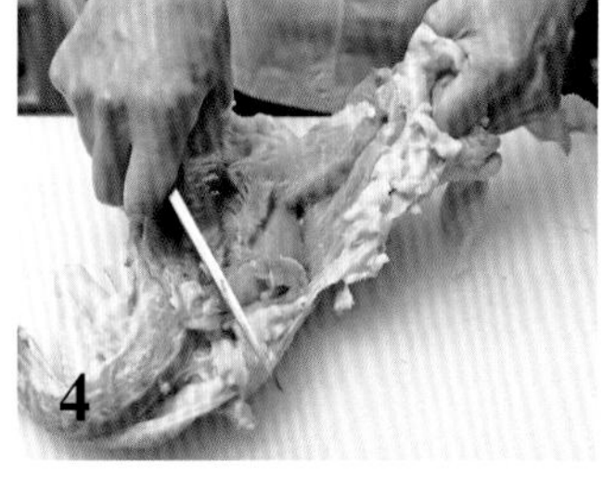

在连接鸡翅的肩膀处稍微割一刀，向近身处拉扯使鸡大胸和鸡翅部分整体与鸡骨架分离。

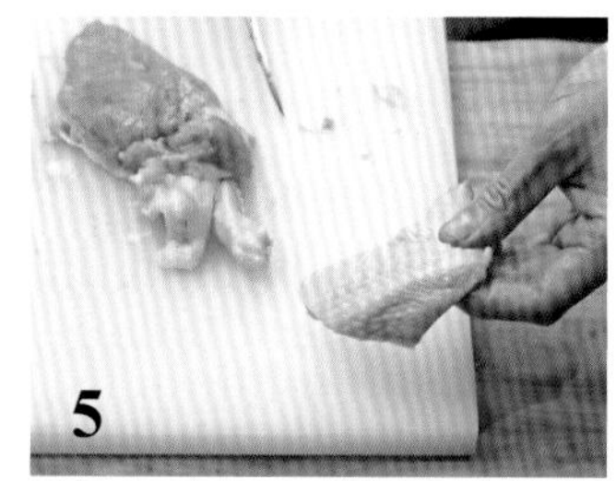

切掉鸡翅先（鸡翅尖和鸡翅中）。

继续切掉鸡翅根，得到鸡大胸。

◎分切鸡小胸

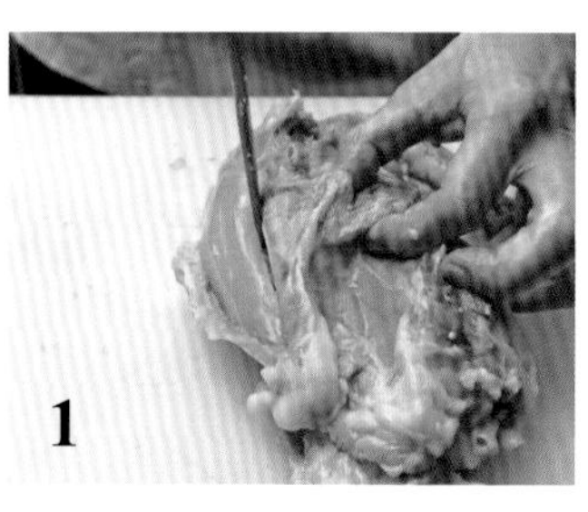

余下的还附着在鸡骨架两侧的肉块，就是鸡小胸。

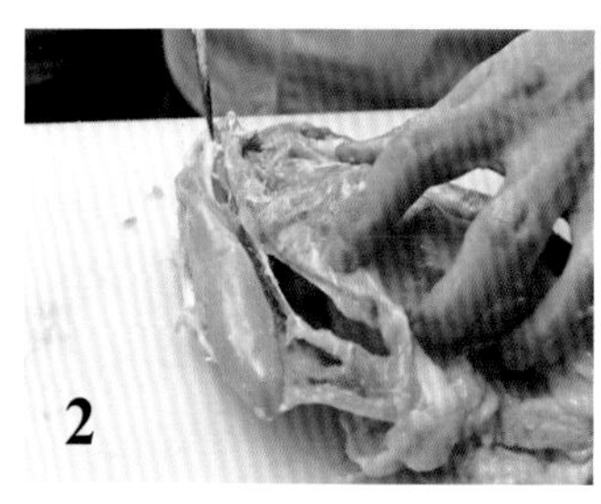

沿着鸡小胸周围的骨头割开一道口子。

鸡小胸切下来之后，在筋两侧划开口子并将筋轻轻拉扯取下。

◎分切软骨、横膈膜、鸡脖子肉、鸡尾肉

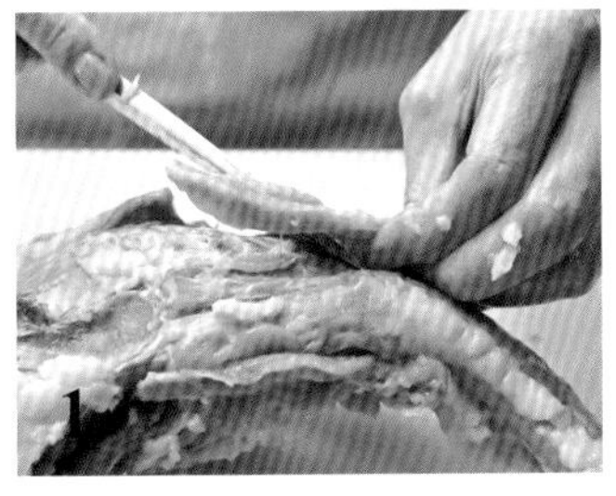
在脖子两侧连接鸡翅的骨头处下刀，分别割开一道口子。

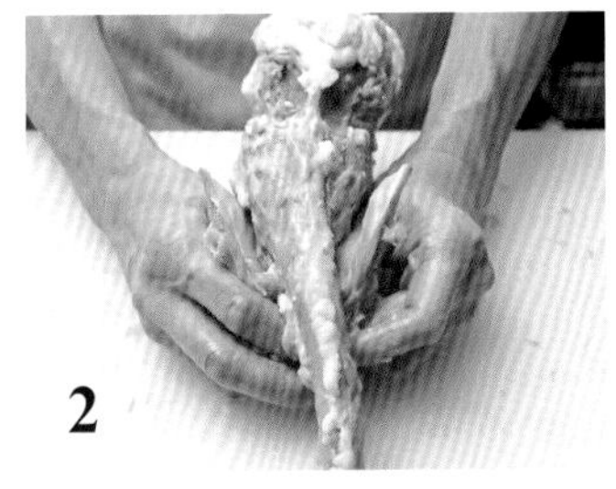
手持左右两侧划口处向下扒开。

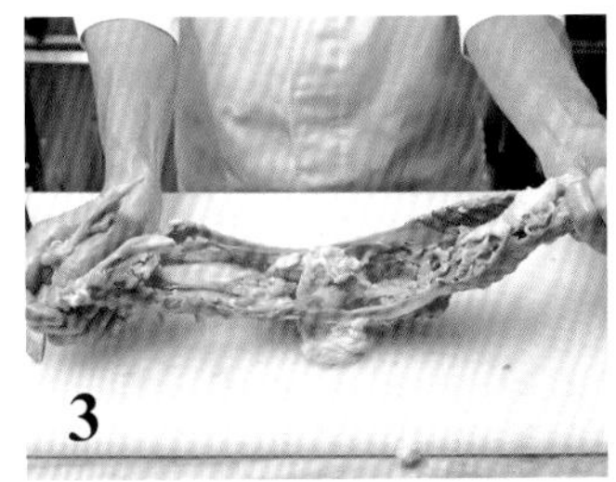
一手握脖子一手握下侧胸骨部分，向两边拉扯打开成两部分。

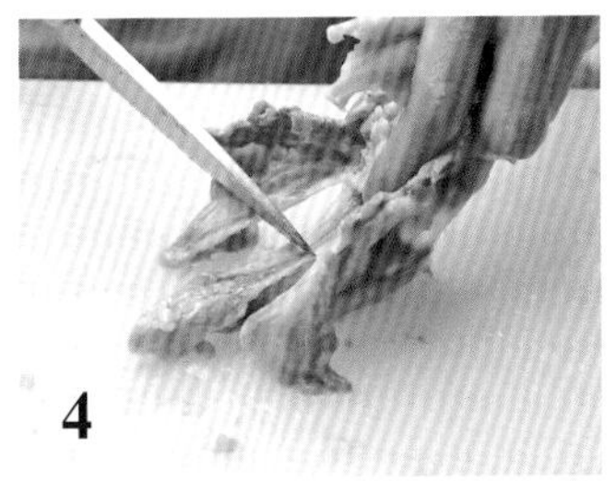
胸骨部分在前端接近软骨处下刀。

沿着骨头向上剔除骨头上的肉，把软骨切出来。

继续切出横膈膜。

脖子部分沿着长长的脖骨剔开骨头上的肉，切下即得到鸡脖子肉。

去除多余的脂肪。

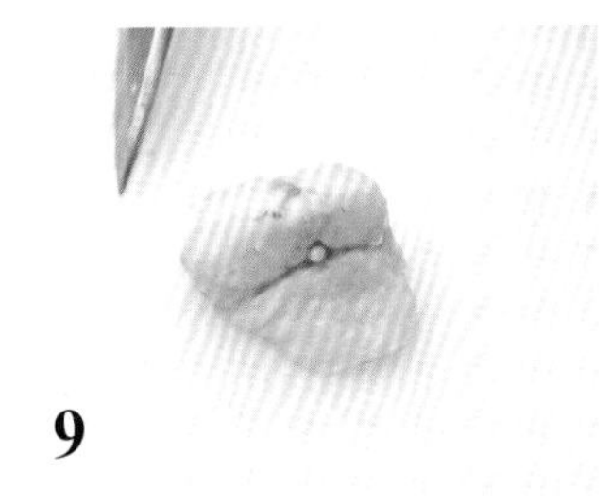
将最初切下来的鸡屁股（见p.79）摊开。

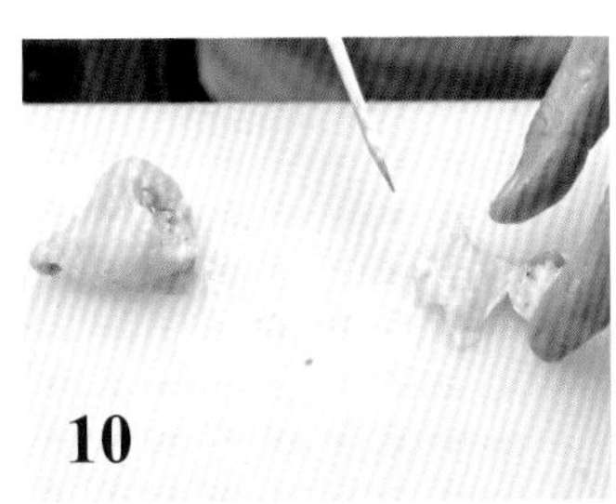
切下凸起的看起来像脸一样的部分。

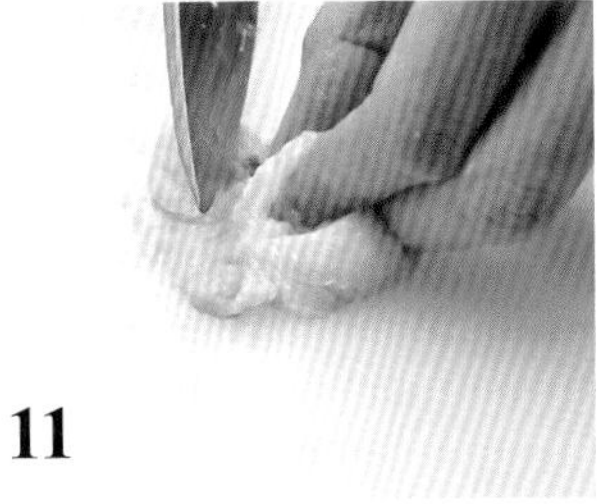
在正中间的骨头处下刀，去除脂肪和骨头。

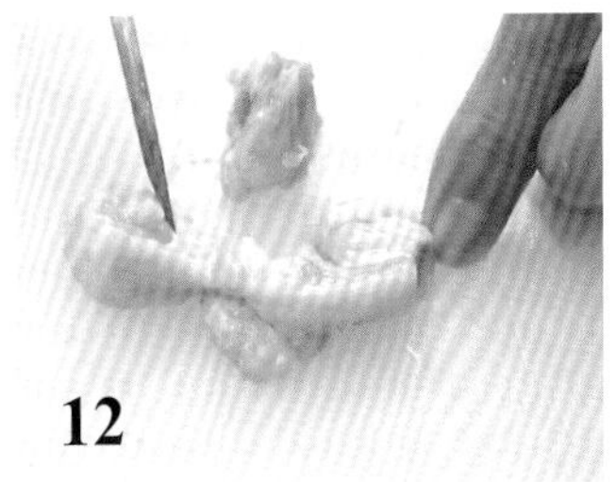
取出鸡尾肉。

◎分切好的整鸡

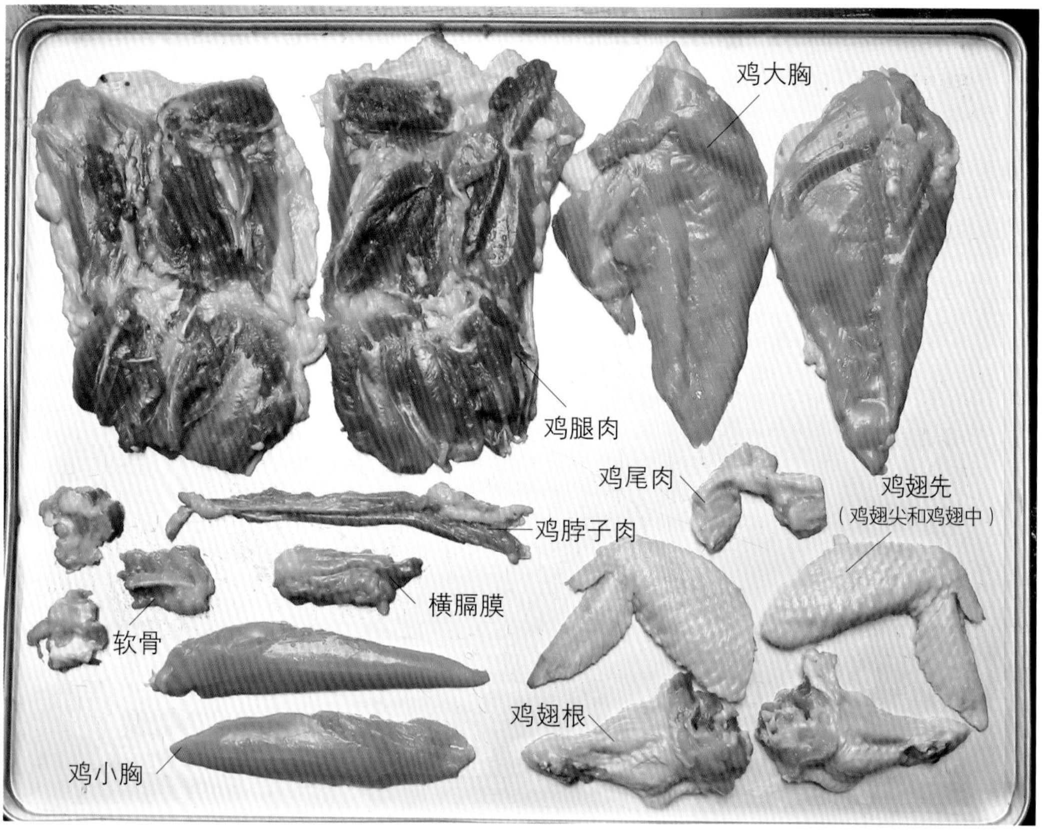
鸡大胸
鸡腿肉
鸡尾肉
鸡翅先
（鸡翅尖和鸡翅中）
鸡脖子肉
横膈膜
软骨
鸡翅根
鸡小胸

鸡骨架
鸡皮

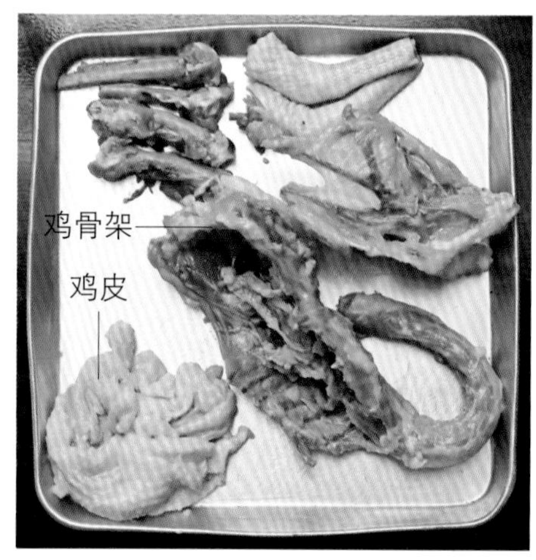

鸡骨架可以用来煮鸡骨高汤。鸡皮切成适当的大小，可以穿成串撒上盐烧烤，也可以用于炒菜，或者切碎后与鸡绞肉混合来增添风味。

◎煮整鸡

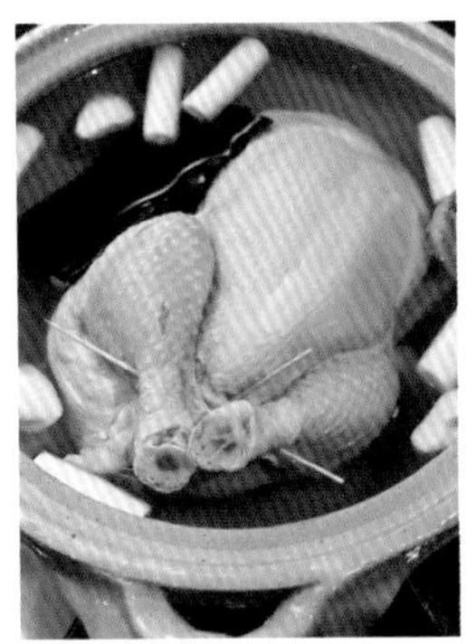

煮一整只鸡时，要使用放入整鸡后周围还有富余空间的稍大一些的锅。

◎放填塞物

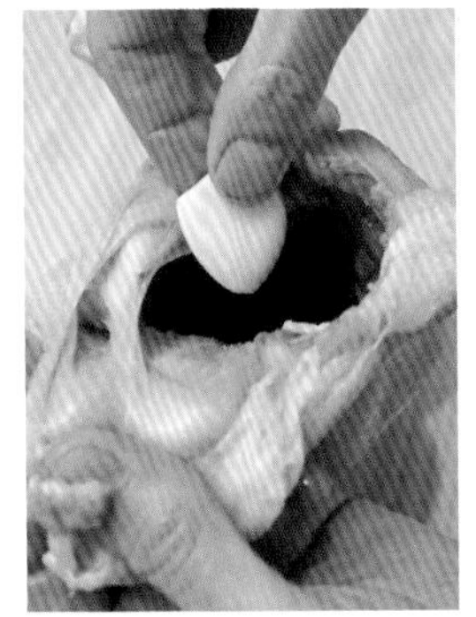

鸡肉专卖店等处所买的整鸡一般是腹腔已经整理干净的。可以先在腹腔中塞入糯米或者蔬菜等，再来烤或煮。

◎收拢鸡小腿

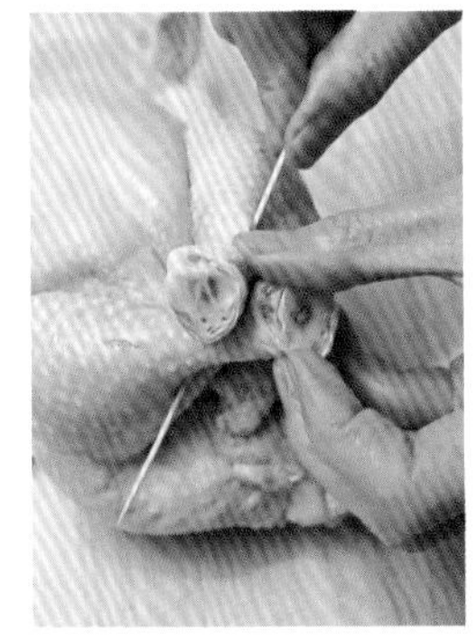

将鸡小腿十字形交叉，用竹签穿好收拢起来，这样烹饪时比较容易操作，成品也会更美观。

◎烤整鸡

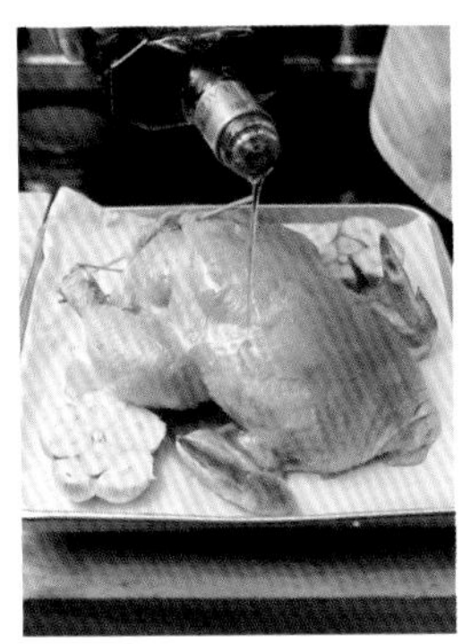

只要品尝到用烤箱烤的整鸡，就一定会越吃越上瘾。为什么整只拿来烤会如此美味呢？这是因为整体都被鸡皮包裹着，答案就是如此简单。鸡皮脆脆的，内里却还是软嫩湿润的，不用特别处理就可以将整鸡烤出如此完美的效果。

◎制作鸡骨高汤的方法

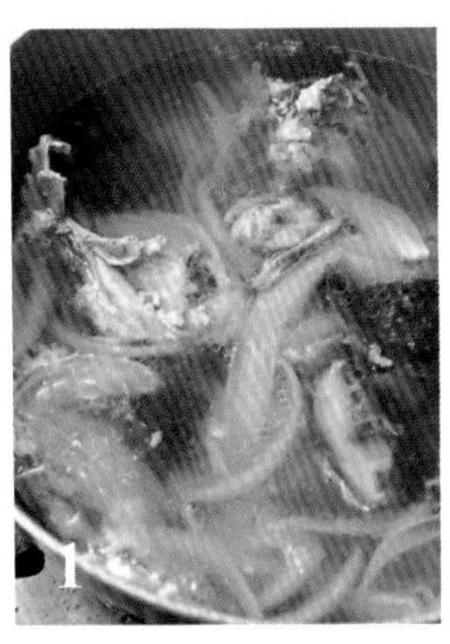

在大一些的锅中放入鸡骨架，再倒入满满的水。还可以加入大葱绿色部分或者生姜等带有香气的蔬菜，开火加热。

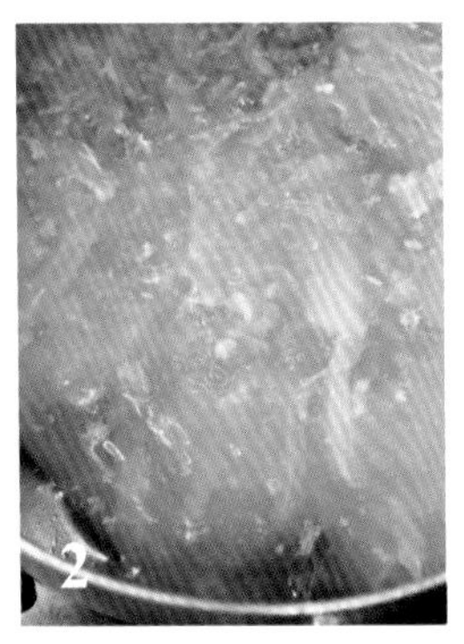

煮沸之后撇去浮沫，转小火煮至水量减少一半左右。用过滤工具过滤，冷却至不烫手的程度之后放入冰箱冷藏室中保存。

※放入密封容器中，在冰箱冷藏室中可以保存3日，在冷冻室中可以保存1个月左右。

和风参鸡汤

材料（2人份）

整鸡…1只（约1 kg）
糯米…180 mL
生姜…10 g
鸭儿芹…5根
栗子甘露煮*…4个
大葱…1/2根
大蒜…3瓣
盐…适量
黑胡椒粉…少许
芝麻油…1大勺

A
水…1.2 L
清酒…1杯
日本出汁昆布（见p.11）…5 g
淡口酱油…2大勺
盐…1小勺
味醂…2大勺

＊栗子甘露煮，指去壳且去内皮后，和砂糖、水等一起煮制而得的味道甘甜的栗子。

做法

1 糯米洗干净之后浸泡在水中30分钟左右。用笊篱捞起沥干水，抹上芝麻油。
2 生姜切成薄片。鸭儿芹切成5 cm长。栗子甘露煮用水洗干净。大葱切成5 cm长的段。
3 用水把整鸡的腹腔内部充分洗干净，擦干水。多余的毛用拔毛镊子拔干净。然后塞入糯米、栗子甘露煮、生姜（见图a），用竹签穿好收紧腹腔口（见图b）。鸡小腿也用竹签穿好收拢起来（见图c）。
4 锅中放入3的整鸡，再放入已混合好的A的所有材料，加入大蒜和大葱之后开火。煮沸之后撇去浮沫，转小火。盖子不要盖严实而要稍微留点空隙，煮1小时左右。
5 取出日本出汁昆布，再继续煮30分钟左右。
6 加入鸭儿芹稍微煮一下，加入盐来调味。搭配盐和黑胡椒粉一起食用。

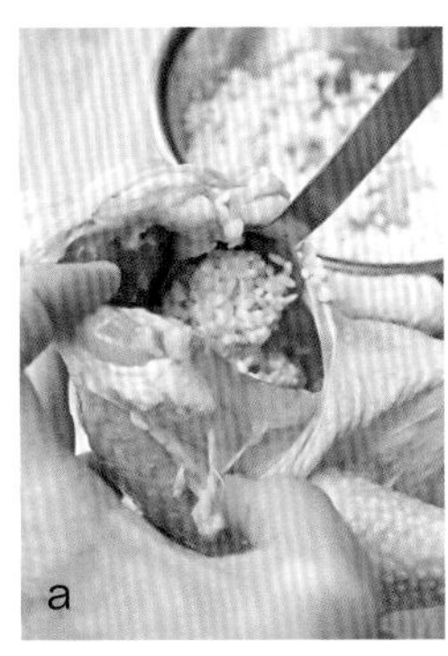
a
在塞入糯米、栗子甘露煮、生姜时，用勺子来填塞会比较容易。

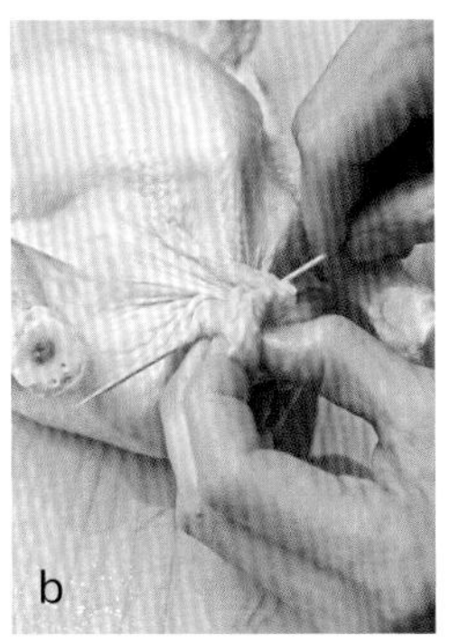
b
在屁股部分像缝线一样用竹签穿好收紧腹腔口。

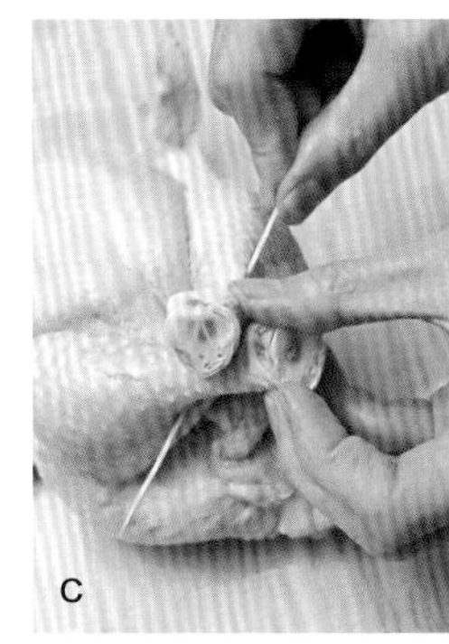
c
将鸡小腿十字形交叉，用竹签穿好收拢起来。

「吸收了一整只鸡的鲜味的糯米，
还有渗入腹腔内部的鲜美的汤汁，请充分品尝美味吧。」

中式清汤

材料（2人份）

鸡骨架…1只分（约500 g）
洋葱…1个
干香菇…3个
日本出汁昆布（见p.11）…10 g
水…2 L
清酒…1杯
盐…1大勺
酱油…少许

做法

1 鸡骨架用流水冲洗，好好洗去脏污。
2 洋葱从中心呈辐射状纵向6~8等分切成月牙形，干香菇事先用水泡发。
3 锅中放入1的鸡骨架、2的材料、水、清酒、日本出汁昆布和盐，开火煮。煮沸之后撇去浮沫，转小火慢炖1小时左右。
4 倒入笊篱中，用木勺碾压过滤。用酱油调味。

「鸡骨架与干香菇、日本出汁昆布组合成的最强清汤。清澈的味道。」

中式白汤

材料（2人份）

鸡骨架…1只分（约500 g）
洋葱…1个
白菜…200 g
日本出汁昆布（见p.11）…10 g
水…2 L
清酒…1杯
盐…1大勺

做法

1 鸡骨架用流水冲洗，好好洗去脏污，切成块备用。
2 洋葱切薄片散开成细条，白菜切成格子状得到边长3~5 cm的大片（或用手撕成大片）。
3 锅中放入1的鸡骨架、2的材料、水、清酒、日本出汁昆布和盐，开火煮。煮沸之后撇去浮沫，大火煮40分钟左右。如果水减少就再添上。
4 用木勺碾压鸡骨架和蔬菜至碎烂的程度，再继续煮20分钟左右。
5 倒入笊篱中，用木勺充分碾压过滤。

「把鸡骨架和蔬菜碾烂，过滤之后只留下鲜美又稍有点浓稠的上品白汤。」

烤鸡

「焦香酥脆的鸡皮，口感松软的鸡腿肉和鸡大胸，还有溢出的肉汁，多重美味一次尽享。」

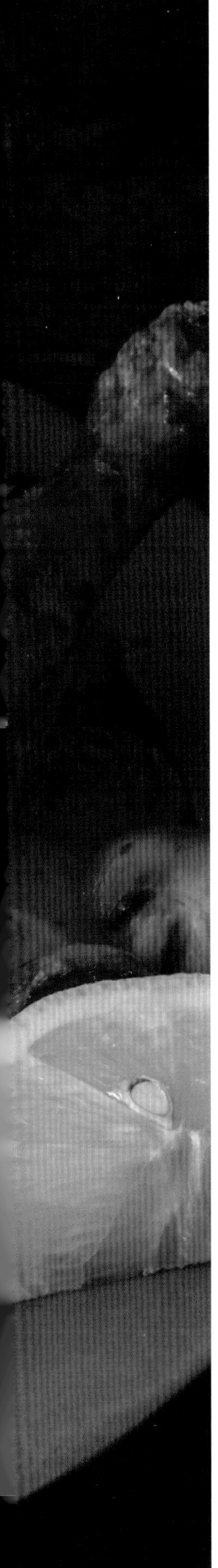

材料（2人份）

整鸡…1只（约1.2 kg）
盐…适量
大蒜…2瓣
黄油…40 g
土豆…1个
蘑菇…4个
小洋葱…4个
胡萝卜…1/2根
色拉油…1大勺
黑胡椒粉…少许
柠檬…1个
粗粒黄芥末酱…少许

做法

1 整鸡从冰箱中取出，在常温下放置1小时左右。整鸡的外表面和腹腔内表面用1大勺盐涂抹揉搓，静置15分钟待用。在腹腔内放入大蒜。

2 土豆洗干净之后带皮切成一口大小。蘑菇、小洋葱分别切成两半。胡萝卜切成一口大小的滚刀块。烤箱预热至210 ℃。

3 在烤盘内抹一层色拉油，将2的蔬菜散放在烤盘边缘一圈。将整鸡腹部朝上放入烤盘内，用竹签将鸡小腿穿好收拢起来（见图a）。烤盘放入210 ℃的烤箱中烤20分钟左右。

4 取出3的烤盘，将整鸡翻面。各种蔬菜稍微混合拌匀，如果有点焦煳就对调一下烤盘左右两端的位置，再放回烤箱中，继续烤15分钟左右。

5 取出4的烤盘，再次将整鸡翻面，表面整体涂上黄油（见图b）。取出蔬菜，与少许盐和黑胡椒粉一起拌匀。把整鸡再次放入烤箱中，继续烤15分钟左右。

6 从烤箱中取出，盖上铝箔纸静置10分钟左右。

7 与之前取出拌好的蔬菜一起盛入器皿中，浇上烤盘内残余的汁水，再摆上切好的柠檬，配上粗粒黄芥末酱。

◎**分切方法**

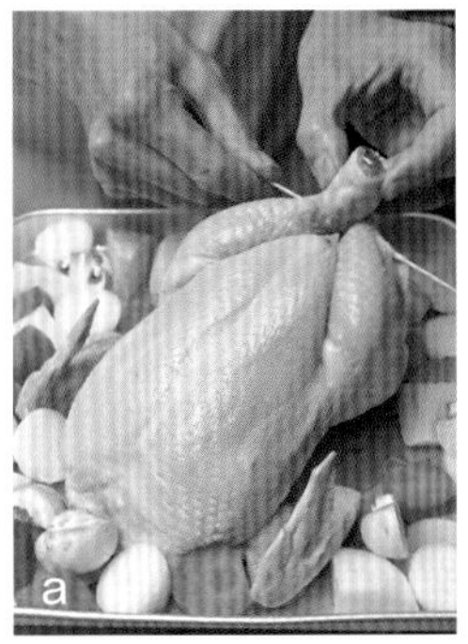

a

将鸡小腿十字形交叉，用竹签穿好收拢起来。

b

用筷子夹住黄油块来涂抹比较好操作。

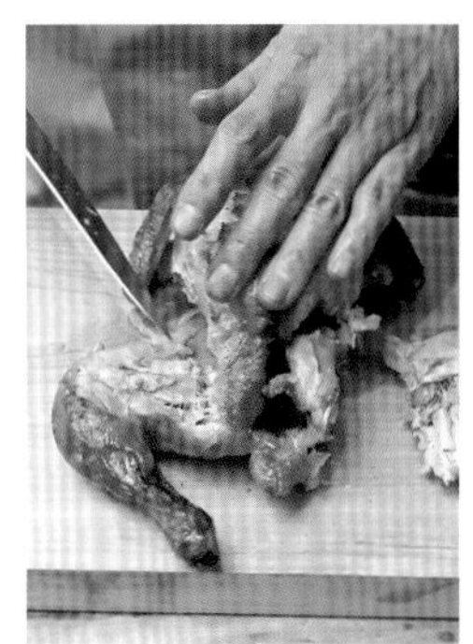

首先，卸下两侧的鸡腿部分，接着再把刀插入鸡胸部分，这样分切会比较容易。

西式酿烤鸡

材料（2人份）
整鸡…1只（约1.2 kg）
培根…2片
洋葱…1/4个
香菇…2个
红彩椒…1/4个
米饭…300 g
黄油…10 g
大蒜…1头
橄榄油…3大勺
盐…适量
胡椒粉…少许
酱油…少许
樱桃番茄…6个

做法
1 整鸡从冰箱中拿出，在常温下放置1小时左右。
2 培根、洋葱、香菇、红彩椒均切成碎末。
3 平底锅中放入黄油，放入2的材料翻炒。炒至变软之后加入米饭，一边炒一边把米饭弄散。加入少许盐、胡椒粉、酱油来调味，盛出。
4 整鸡的外表面和腹腔内表面用1大勺盐涂抹揉搓，在腹腔内塞入3的材料，用竹签穿好收紧腹腔口。将鸡小腿十字形交叉，用竹签穿好收拢起来（见p.83）。烤箱预热至210 ℃。
5 将整鸡腹部朝上放入烤盘内，加上横切成两半的大蒜。淋上橄榄油（见图a），放入210 ℃的烤箱中烤20分钟左右。
6 取出5的烤盘，将整鸡翻面。取出大蒜。再将烤盘放回烤箱中，继续烤15分钟左右。
7 取出6的烤盘，将整鸡再次翻面，加入樱桃番茄，继续烤15分钟左右。从烤箱中取出，盖上铝箔纸静置10分钟左右，与之前取出的大蒜一起盛入器皿中。

a

整鸡腹部朝上放置，整体都淋上橄榄油。

切开之后，满满都是吸足了肉汁的米饭和蔬菜。盛宴的感觉。

「包裹在整鸡中的吸足了肉汁的黄油米饭，与脆脆的皮、多汁的肉一起组成了这道三重美味的整鸡料理。简直是梦幻般的整鸡千层派。」

第4章 鸡翅

这部分介绍因为带着骨头而品尝起来尤为美味的鸡翅部位。
油炸、炖煮、煎烤、塞酿，或者腌渍等，
不同的烹饪方法会带来不同的风味，
可以呈现出层次丰富的口味，这是鸡翅的优点。
这部分不仅介绍把鸡翅中做成常规的郁金香形状的方法，
还会介绍把鸡翅中做成日本关西风的郁金香形状的方法，
以及把鸡翅根做成郁金香形状的方法，
还有把鸡翅先做成口袋形状的方法等，
会把所有细微的技巧和要点都一一传授给大家。
记得鸡翅尖也不要浪费，可以拿来煮高汤。

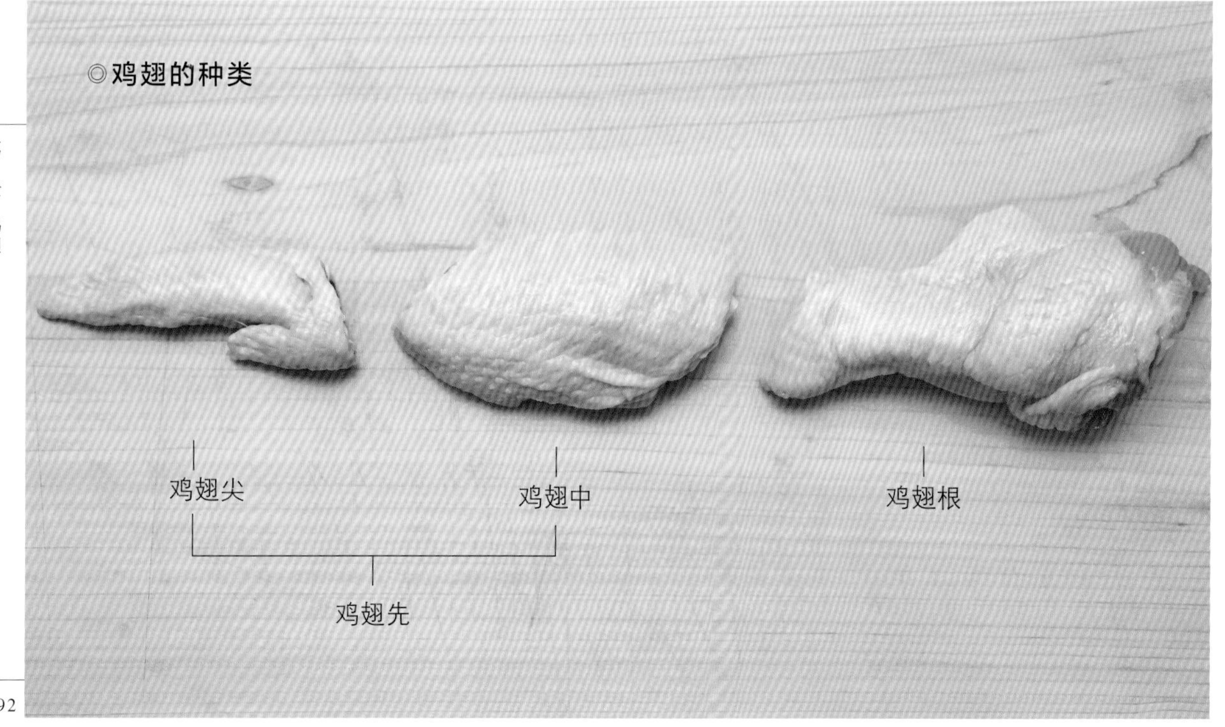

◎用水清洗

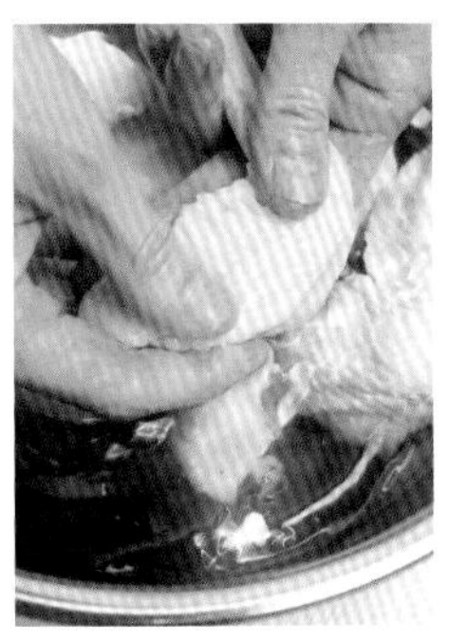

鸡翅整体都被鸡皮覆盖，会有残留鸡毛和脏污的情况。进行烹饪之前，把鸡翅浸泡在放满水的大碗中，仔细揉搓表面清洗干净，然后用厨房纸充分擦干水。

◎鸡翅中做成常规的郁金香形状

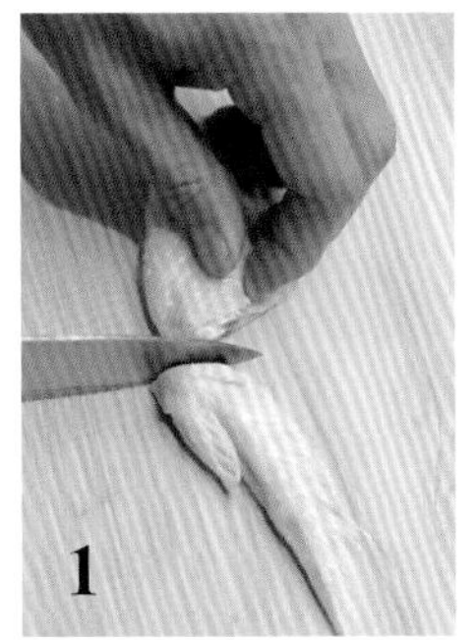

1 若材料为鸡翅先，则先切去鸡翅尖，留下鸡翅中。

2 鸡翅中沿着一根骨头割开一道口子。

3 继续切开至另一根骨头处。

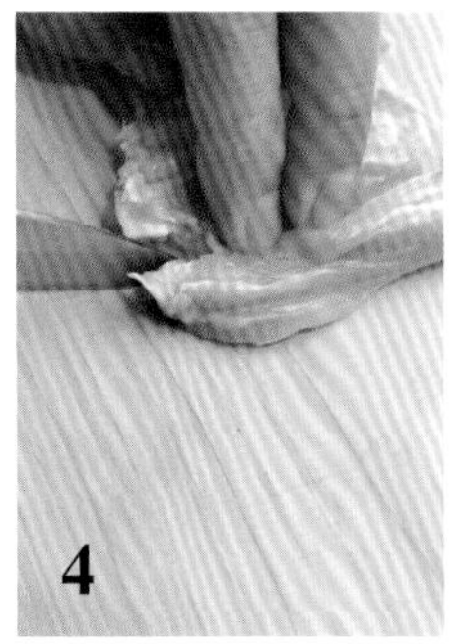

4 切断2根骨头前端的相连处。

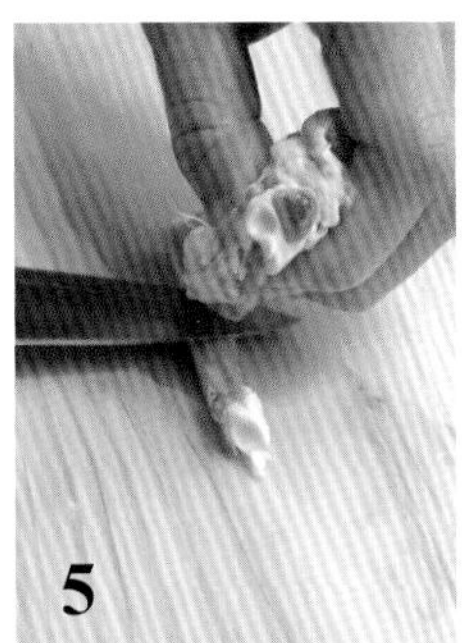

5 把较细的那根骨头朝下放置，沿着骨头刮削使肉与骨头分离。

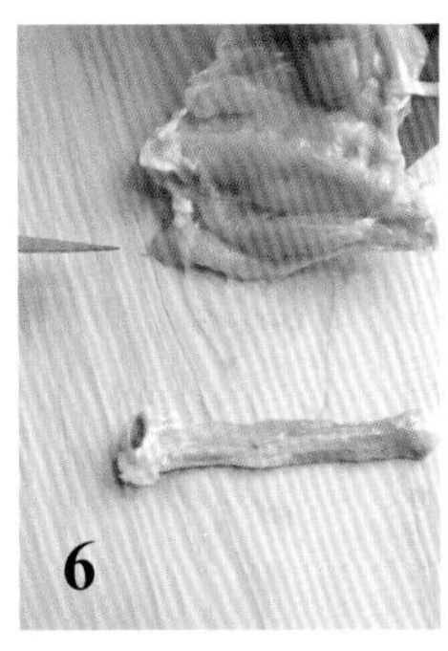

6 取出较细的那根骨头。

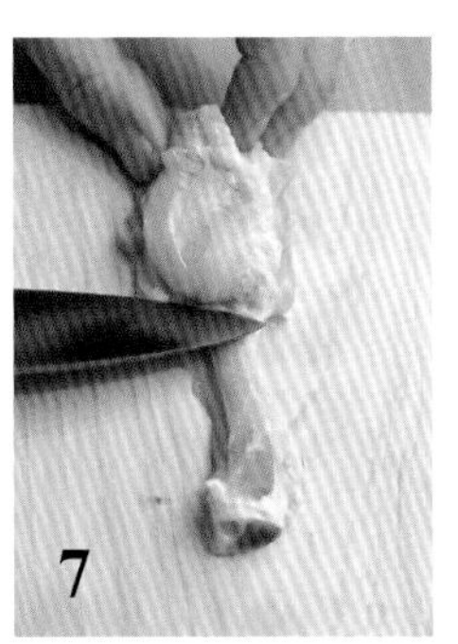

7 较粗的那根骨头也以同样方法刮削。

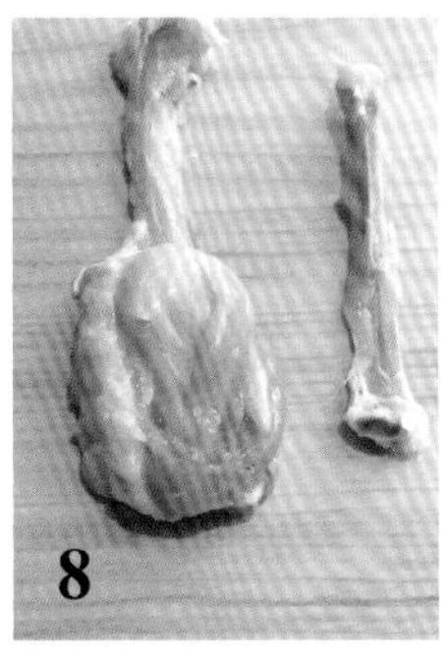

8 沿着骨头刮削，将肉剥离至如图所示的程度。

◎鸡翅中做成关西风的郁金香形状

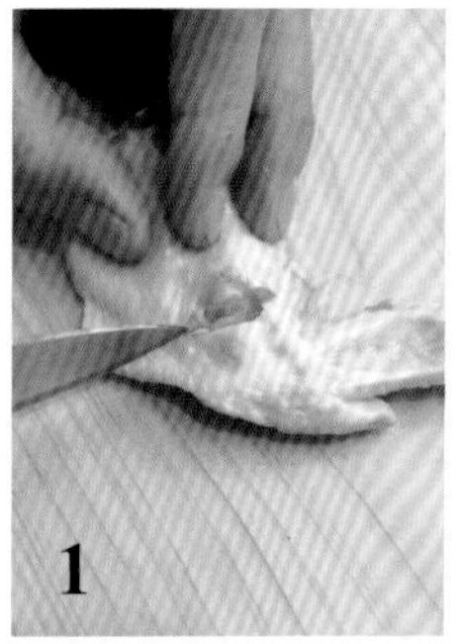

若材料为鸡翅先，则先在鸡翅尖和鸡翅中骨头连接的关节处割开一道口子。

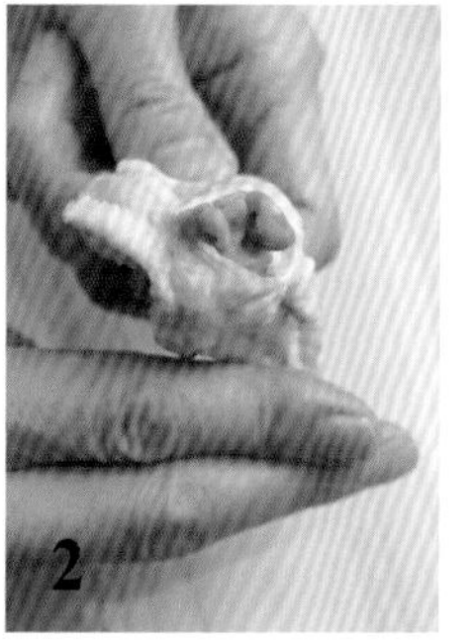

两手分别抓住鸡翅中和鸡翅尖向下折叠，使骨头的前端从口子处露出来。

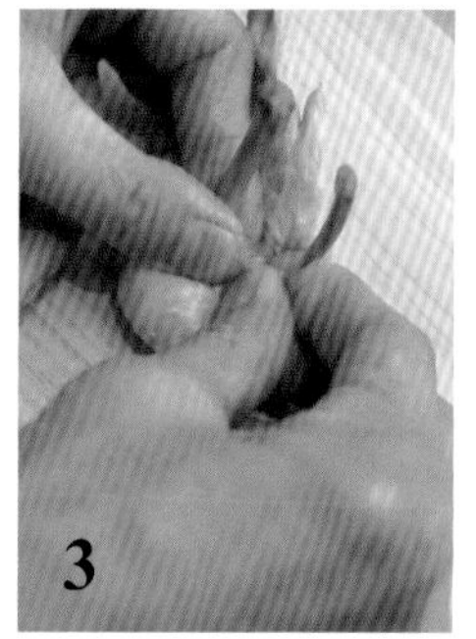

手握着骨头，像脱袜子一样将皮和肉向下推。

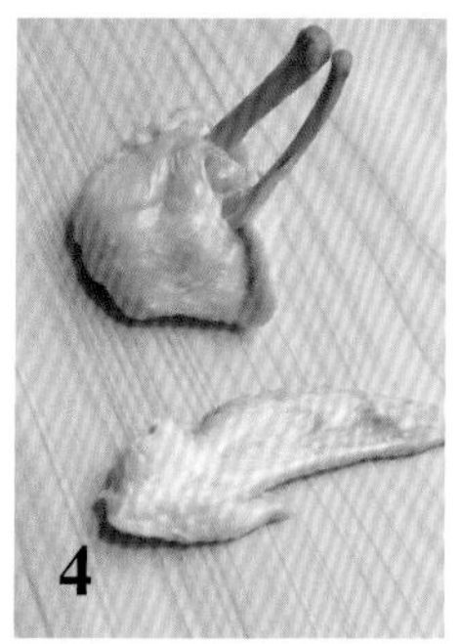

让皮和肉沿着骨头向下滑落至骨头最末端。切去鸡翅尖。

◎鸡翅根做成郁金香形状

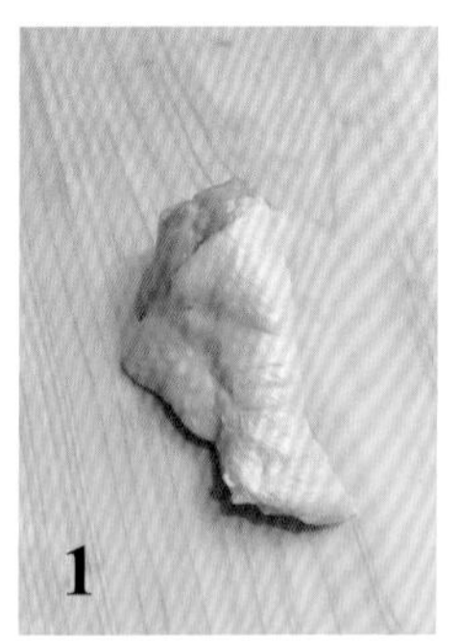

沿着鸡翅根骨头周围一圈下刀。

在底部割开一圈口子。

把鸡翅根立起来，将骨头周围的肉像剥下来一样往下扯。

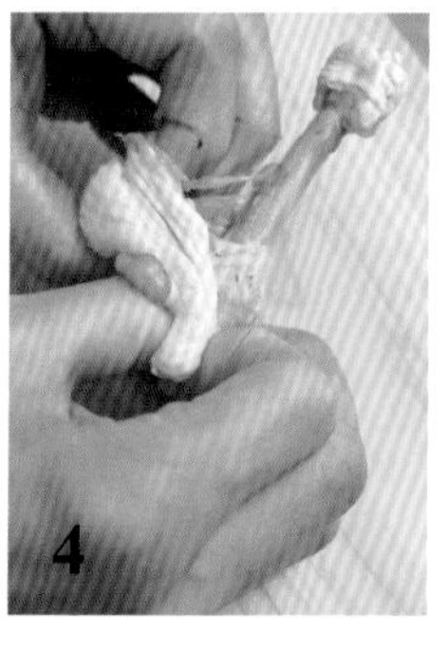

将原处于外侧的皮向下翻卷到内侧，露出肉来。

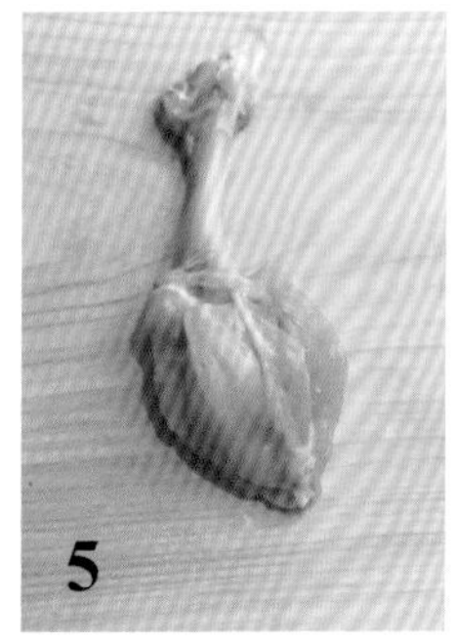

翻卷后的样子。

◎鸡翅先做成口袋形状

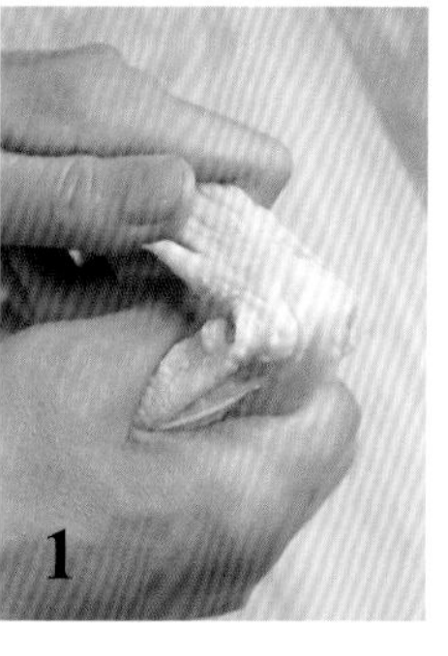

将鸡翅先的关节处逆向弯折并掰断，以使鸡翅中的2根骨头与鸡翅尖的骨头分离。

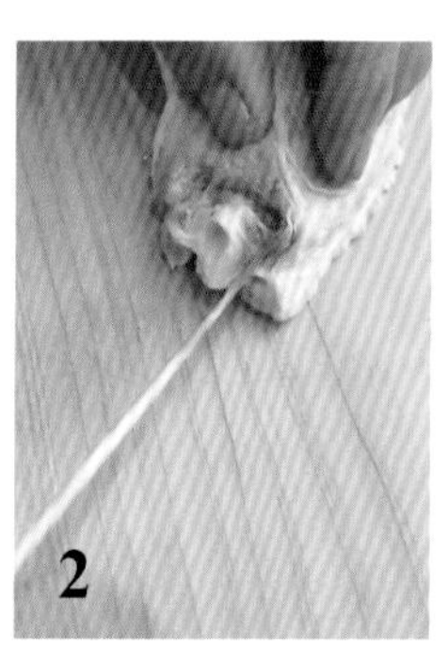

在鸡翅中较粗的那根骨头的前端周围用刀切划以使肉与骨头前端分离，将肉往下扯，露出骨头前端。

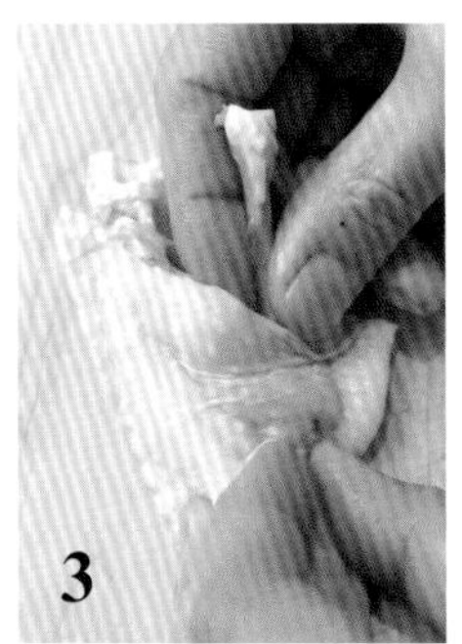
3

切一下使2根骨头的前端分离开。

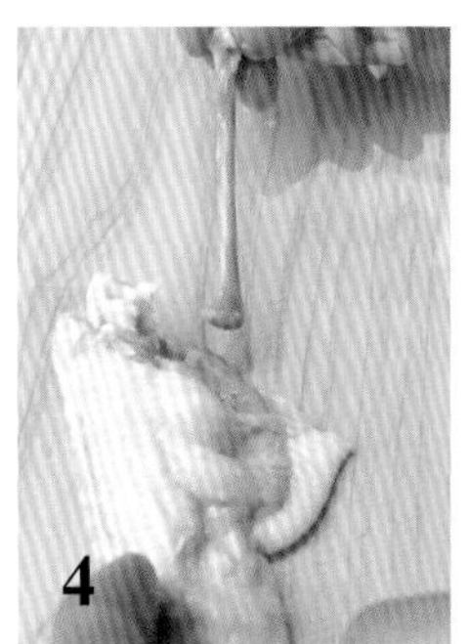
4

以刮削等方式剥离骨头周围的肉，像脱衣服一样拆解出较细的那根骨头。

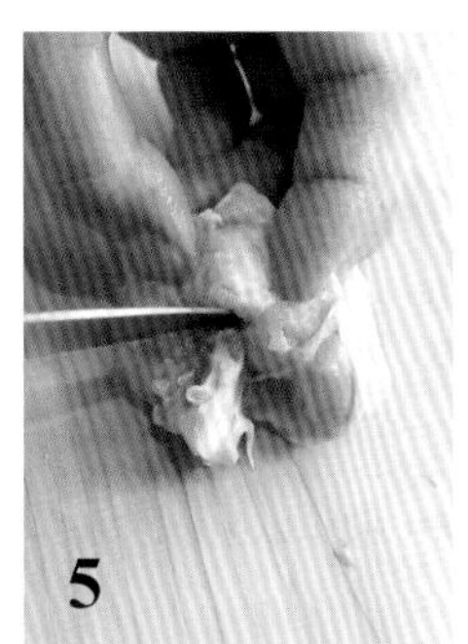
5

较粗的那根骨头也以同样方法刮削。

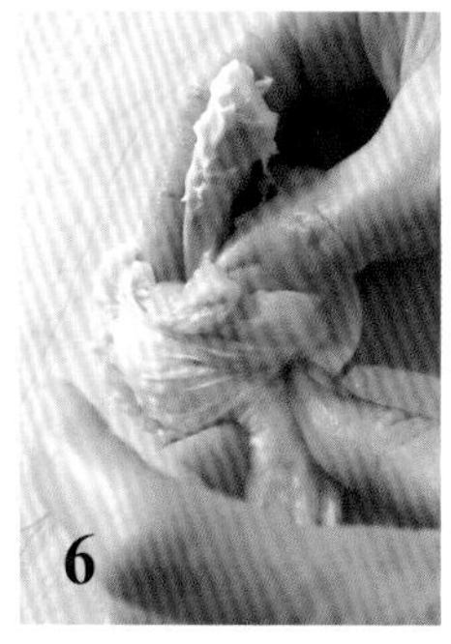
6

剥离骨头周围的肉，拆解出较粗的那根骨头。

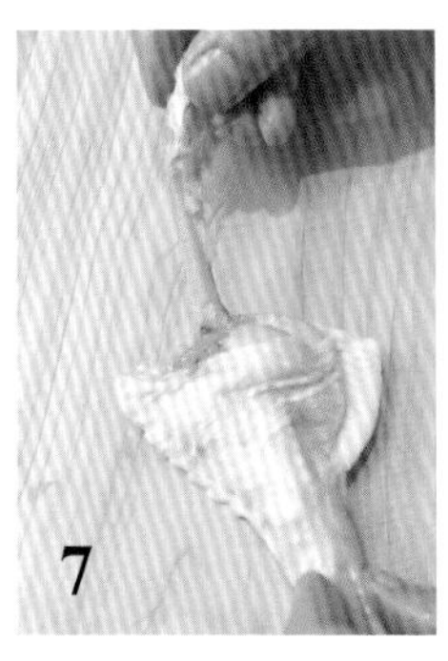
7

2根骨头都拆解出来了。

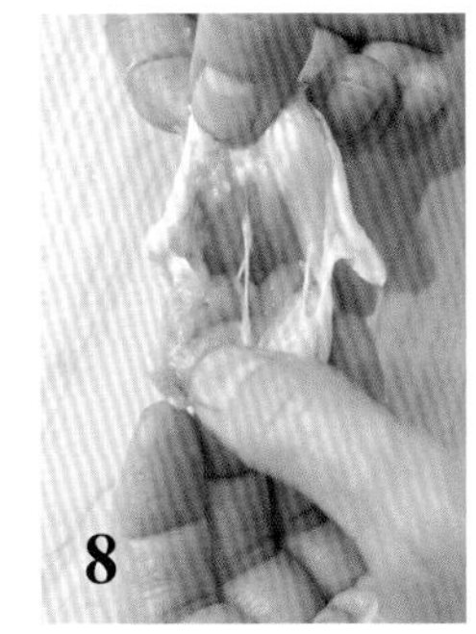
8

扯开呈口袋状。

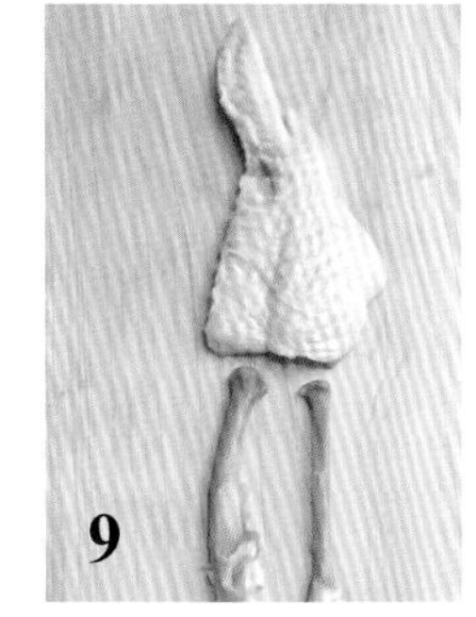
9

在口袋内可填塞食材。

◎鸡翅尖用于煮高汤

鸡翅尖20根，与1 L水、5 cm × 10 cm的日本出汁昆布（见p.11）、1/2杯清酒、1小勺盐一起放入一个大些的锅中，开火煮。沸腾之后撇去浮沫，转小火煮20分钟左右。直接连锅一起静置冷却至不烫手的程度后，把鸡翅尖、日本出汁昆布与高汤过滤分开。高汤倒入密封容器中，在冰箱冷藏室中可保存3日，在冷冻室中则可保存1个月。

郁金香鸡翅中唐扬

关西风 郁金香鸡翅中唐扬

郁金香鸡翅中唐扬

材料（2人份）
鸡翅中…6 根
柠檬…1/4个
狮子唐辛子（见p.15）…4个
淀粉…适量
A
酱油…1½大勺
味醂…1½大勺
黑胡椒粉…少许
炸物油…适量
盐…少许

做法
1 鸡翅中做成常规的郁金香形状（见 p.93）。
2 1的鸡翅中中加入 A的所有材料揉搓，再静置10分钟左右使入味。
3 2的鸡翅中沥干汁水，裹上淀粉。放入170 ℃的炸物油中炸3分钟左右。暂且捞出，静置3分钟之后再炸2分钟。狮子唐辛子用牙签扎几个小孔，素炸1~2分钟后撒上盐。
4 鸡翅中和狮子唐辛子盛入器皿中，摆上柠檬。

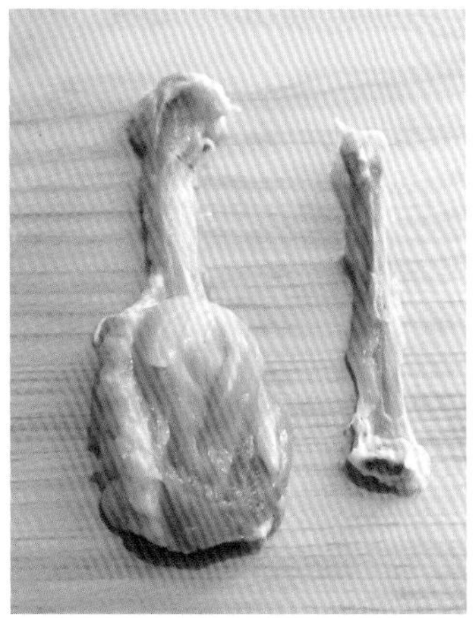
常规的郁金香鸡翅中。只剩1根骨头。

关西风郁金香鸡翅中唐扬

材料（2人份）
鸡翅中…6根
淀粉…适量
银杏…6颗
A
清酒…2大勺
盐…1小勺
酢橘…1个
炸物油…适量

做法
1 鸡翅中做成带有2根骨头的关西风的郁金香形状（见 p.94）。
2 1的鸡翅中中加入 A的所有材料揉搓，再静置10分钟左右使入味。
3 2的鸡翅中沥干汁水，裹上淀粉。放入170 ℃的炸物油中炸3分钟左右。暂且捞出，静置3分钟之后再炸2分钟。银杏素炸1~2分钟。
4 鸡翅中和银杏盛入器皿中，摆上切成两半的酢橘。

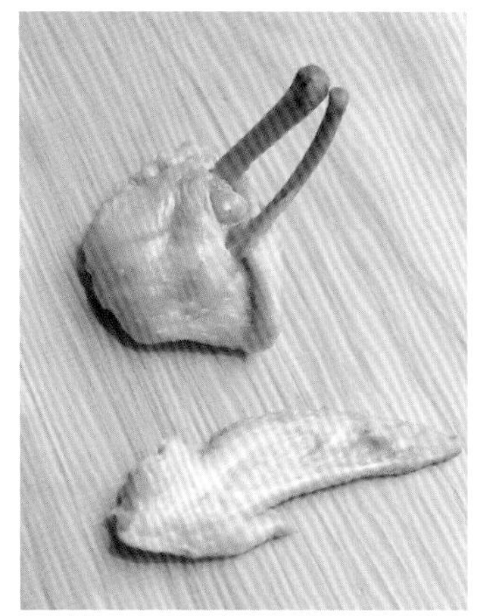
关西风的郁金香鸡翅中。剩余2根骨头。

「常规的郁金香鸡翅中做成酱油口味，带有2根骨头的关西风的郁金香鸡翅中更适合用盐调味。」

郁金香鸡翅中　裹炸芋泥

材料（2人份）

鸡翅中…6根
盐、胡椒粉…各少许
大和芋*…100 g
A
蛋黄…1个
盐…一小撮
低筋面粉…适量
B
出汁（见p.23）…1杯
酱油…2大勺
味醂…2大勺
白萝卜泥…适量
生姜末…少许
炸物油…适量

*大和芋，是日本长芋中的一种。若买不到可使用普通山药。

做法

1 大和芋去皮之后磨成泥，与A的所有材料混合均匀。
2 鸡翅中做成常规的郁金香形状（见p.93），用盐、胡椒粉调味。
3 2的鸡翅中沾裹上低筋面粉，再放入1的大和芋泥中使表面裹上大和芋泥。放入170 ℃的炸物油中炸5~6分钟。暂且捞出，静置2分钟后再炸2分钟。
4 小锅中放入B的所有材料，稍微煮1~2分钟。
5 3的鸡翅中盛入器皿中，配上白萝卜泥、生姜末，再搭配4的酱汁一起食用。

「咬一口裹着松软的大和芋泥的鸡翅，肉汁即刻在口中四溅开来。」

郁金香鸡翅中　裹炸青紫苏

材料（2人份）

鸡翅中…6根

盐、胡椒粉…各少许

青紫苏叶…20片

鸡蛋…1个

低筋面粉…适量

A

- 梅干…2个
- 山葵泥…1/2小勺

炸物油…适量

做法

1 A的梅干去核，用刀剁成蓉，与山葵泥混合均匀。

2 青紫苏叶切成细丝。鸡蛋打散成鸡蛋液。

3 鸡翅中做成常规的郁金香形状（见p.93），用盐、胡椒粉调味。

4 3的鸡翅中沾裹上低筋面粉，在鸡蛋液中浸一下使表面裹上鸡蛋液，再整体沾裹上2的青紫苏叶。

5 将4的鸡翅中放入170 ℃的炸物油中炸3分钟左右。暂且捞出，静置3分钟之后再炸2分钟。

6 盛入器皿中，配上1的梅干山葵泥。

「切成丝的青紫苏叶沾裹在表面，造就清爽的口感。内里满满的肉汁。再配上梅干山葵泥。」

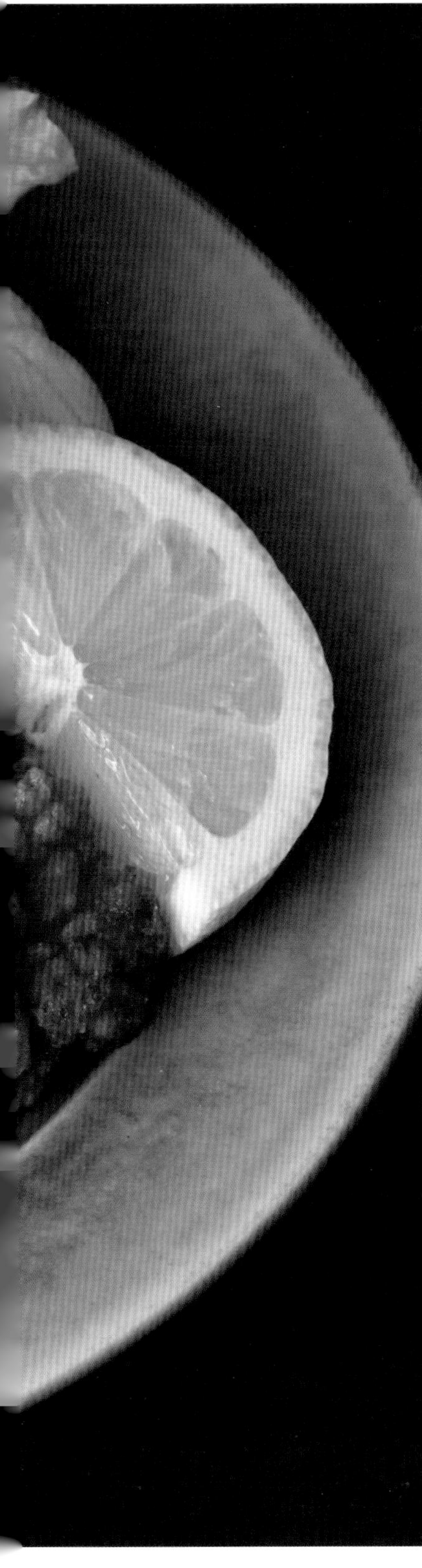

郁金香鸡翅根唐扬

材料（2人份）

鸡翅根…6根

A

味醂…1½大勺

酱油…1½大勺

大蒜末…1/2小勺

B

低筋面粉…2大勺

淀粉…1大勺

鸡蛋液…1个分

圆生菜叶…1片

柠檬…1/4个

蛋黄酱…适量

炸物油…适量

做法

1 鸡翅根做成郁金香形状（见p.94），加入A的所有材料揉搓，再静置15分钟左右使入味。

2 混合B的所有材料，做成面衣糊。

3 1的鸡翅根沥干汁水，在2的面衣糊中浸一下使表面裹上面衣糊，放入170℃的炸物油中炸5分钟左右。暂且捞出，静置3分钟之后再炸3分钟。

4 在器皿中铺上圆生菜叶，再盛入3的鸡翅根，最后摆上柠檬，配上蛋黄酱。

「酱油、味醂和大蒜的标准口味。
柠檬和蛋黄酱是锦上添花的经典搭配。」

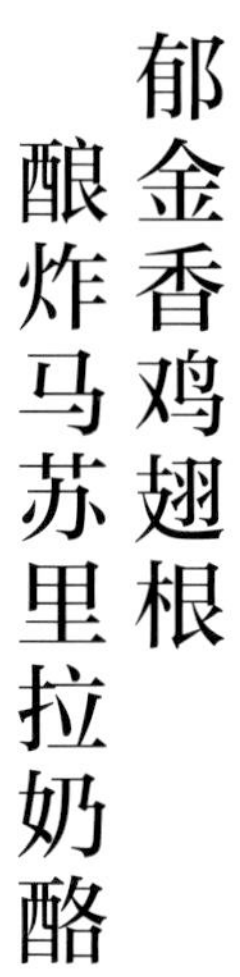

郁金香鸡翅根酿炸马苏里拉奶酪

材料（2人份）

鸡翅根…6根
马苏里拉奶酪…40 g
盐、胡椒粉…各少许
鸡蛋…1个
低筋面粉…适量
面包糠…适量
番茄…1/2个
罗勒叶…3片

A
橄榄油…2大勺
大蒜末…1/2小勺
盐…1/2小勺
蜂蜜…1小勺

炸物油…适量

做法

1 番茄切成小碎块，罗勒叶切碎，与A的所有材料混合做成番茄罗勒酱汁。鸡蛋打散成鸡蛋液。

2 鸡翅根做成郁金香形状（见p.94），用盐、胡椒粉调味。

3 马苏里拉奶酪切成一口大小，塞入2的鸡翅根内。鸡翅根表面依序沾裹上低筋面粉、1的鸡蛋液、面包糠。

4 将3的鸡翅根放入170 ℃的炸物油中炸5~6分钟。盛入器皿中，配上1的番茄罗勒酱汁。

「鸡翅根内化了的奶酪顺滑香浓。请搭配番茄与罗勒的绝配酱汁食用。」

郁金香鸡翅根酿炸鹌鹑蛋

材料（2人份）

鸡翅根…4根
鸡腿绞肉…200 g
大葱…1/4根
A
- 淀粉…1大勺
- 酱油…1大勺
- 味醂…1大勺
- 黑胡椒粉…少许

水煮鹌鹑蛋…4个
盐、胡椒粉…各少许
低筋面粉…适量
B
- 蛋黄酱…3大勺
- 调味番茄酱…1大勺
- 酱油…1小勺

西洋菜…1/2扎
柠檬…1/4个
炸物油…适量

做法

1 大葱切成碎末。大碗中放入大葱、鸡腿绞肉、A的所有材料，充分混合拌匀。
2 鸡翅根做成郁金香形状（见p.94），用盐、胡椒粉调味。鸡翅根内塞入水煮鹌鹑蛋，再整体沾裹上低筋面粉。
3 1的材料分成4等份，厚厚地包裹在2的鸡翅根的表面上。整形成圆球状，再薄薄地沾裹上一层低筋面粉。
4 将3的鸡翅根放入170 ℃的炸物油中炸10分钟左右。暂且捞出，静置3分钟之后再炸2分钟。
5 盛入器皿中，摆上西洋菜和柠檬。B的所有材料混合均匀作为酱汁。

「表面裹上鸡腿绞肉，内里塞入鹌鹑蛋，一口吃掉，哇哦，绝赞的美味。」

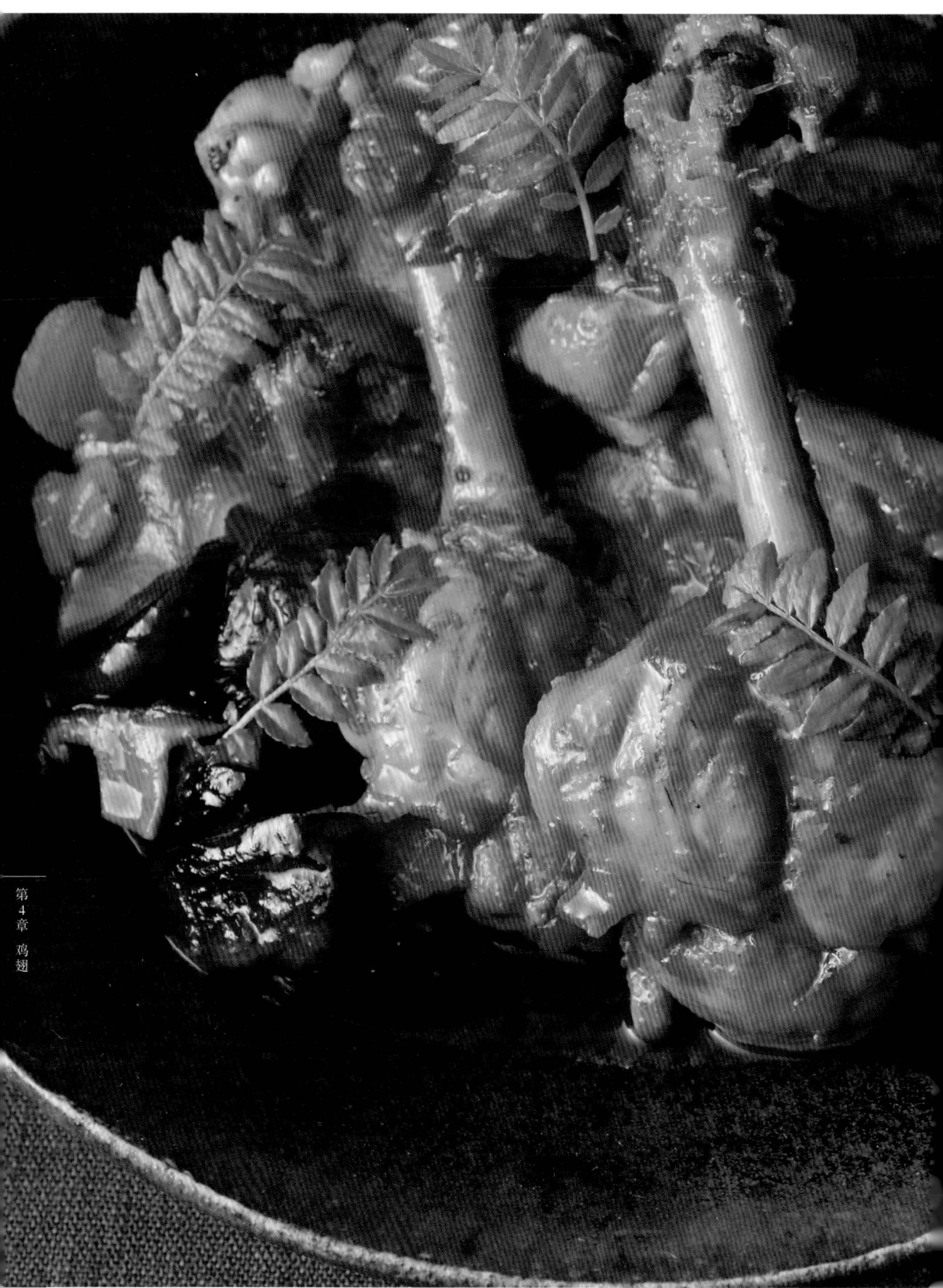

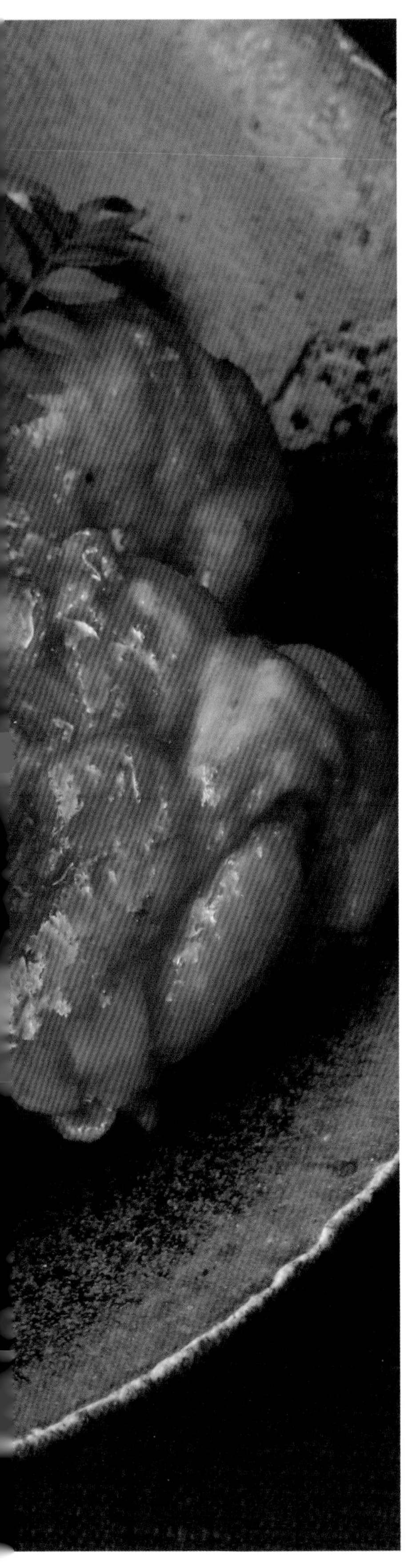

郁金香鸡翅根照烧

材料（2人份）

鸡翅根…6根

洋葱…1个

香菇…4个

A

- 味醂…5大勺
- 清酒…3大勺
- 酱油…2大勺

山椒嫩叶…少许

做法

1 洋葱横向逆纹（即与纤维方向垂直）切1 cm厚的圆片，散开成圆圈。香菇去掉柄末端的硬蒂，柄用手撕成细条，伞盖切成两半。

2 鸡翅根做成郁金香形状（见p.94）。

3 锅中放入A的所有材料，开火煮。煮沸之后放入1的材料和2的鸡翅根，再次煮沸之后转小火，盖上铝箔纸煮7~8分钟。

4 拿掉铝箔纸，煮至收汁且食材表面呈现光泽感。盛入器皿中，撒上山椒嫩叶。

「清酒、味醂、酱油的标准调味，
再加上甘甜的洋葱一起煮，是很下饭的一道料理。」

鸡翅酿红豆饭

材料（2人份）

鸡翅先…6根

A

- 清酒…2大勺
- 盐…1小勺

红豆饭（市售）…100 g

淀粉…适量

炒黑芝麻…适量

盐…少许

炸物油…适量

做法

1 鸡翅先去掉2根骨头做成口袋形状（见 p.94）。

2 1的鸡翅先中加入A的所有材料揉搓，再静置10分钟左右使入味。擦干汁水。

3 在2的鸡翅先的口袋内等量地塞入红豆饭，用牙签封口。

4 3的鸡翅先沾裹上淀粉，放入170 ℃的炸物油中炸4~5分钟。

5 拔掉牙签盛入器皿中，撒上盐和炒黑芝麻。

「炸至酥脆的表皮内是松软的红豆饭，简直是梦幻组合。也很适合用于庆祝宴席。」

鸡翅酿年糕

材料（2人份）

鸡翅先…6根

A

⋮ 酱油…1½大勺

⋮ 味醂…1½大勺

年糕…1个

白萝卜…150 g

酱油…1大勺

辣椒粉…少许

淀粉…适量

烤海苔丝…适量

炸物油…适量

做法

1 白萝卜磨成泥，与酱油和辣椒粉一起混合。

2 鸡翅先去掉2根骨头做成口袋形状（见p.94）。

3 2的鸡翅先中加入A的所有材料揉搓，再静置15分钟左右使入味。擦干汁水。

4 年糕切成一口大小，塞入3的鸡翅先的口袋内（见图a），用牙签封口。

5 4的鸡翅先沾裹上淀粉，放入170 ℃的炸物油中炸4~5分钟。

6 拔掉牙签盛入器皿中，配上1的白萝卜泥，摆上烤海苔丝。

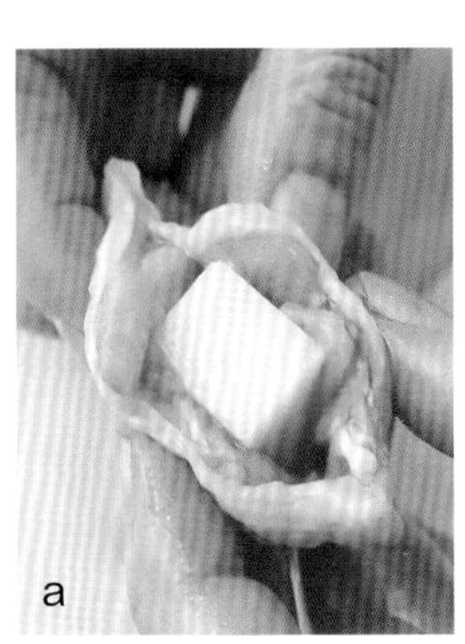

在做成口袋形状的鸡翅先内塞入年糕。煎炸时年糕会部分化开。

「软乎乎半化开状态的年糕，和脆脆的鸡皮形成口感上的鲜明对比。」

鸡翅棒

材料（2人份）
鸡翅中…8根

A
- 酱油…1½大勺
- 味醂…1½大勺
- 大蒜末…1/2小勺
- 黑胡椒粉…少许

欧芹…少许
柠檬…1/4个

B
- 低筋面粉…2大勺
- 淀粉…1大勺
- 鸡蛋液…1个分

炸物油…适量

做法

1 鸡翅中从中间纵向切成两半（见图 a）。
2 1的鸡翅中中加入A的所有材料揉搓，再静置15分钟左右使入味。沥干汁水。
3 大碗中混合B的所有材料做成面衣糊，然后放入2的鸡翅中沾裹面衣糊。
4 将3的鸡翅中放入170 ℃的炸物油中炸4~5分钟。
5 盛入器皿中，摆上欧芹和柠檬。

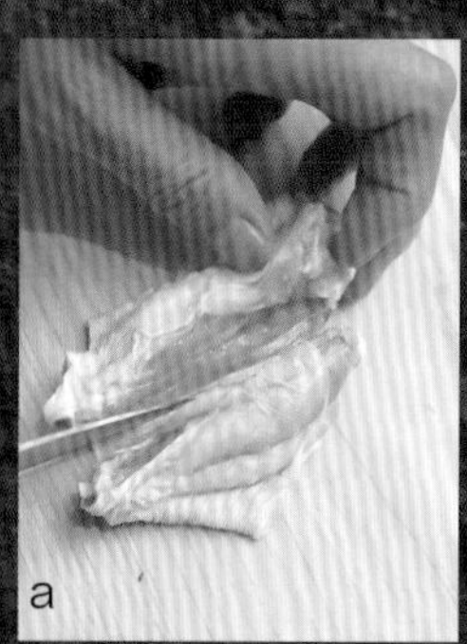

先将鸡翅中2根骨头前端的相连处切断。再从2根骨头的中间将鸡翅中纵向切成两半。

「鸡翅中先用大蒜和酱油等调制入味。面衣糊让鸡翅中炸得酥脆。吃时挤上柠檬汁则口感更清爽。」

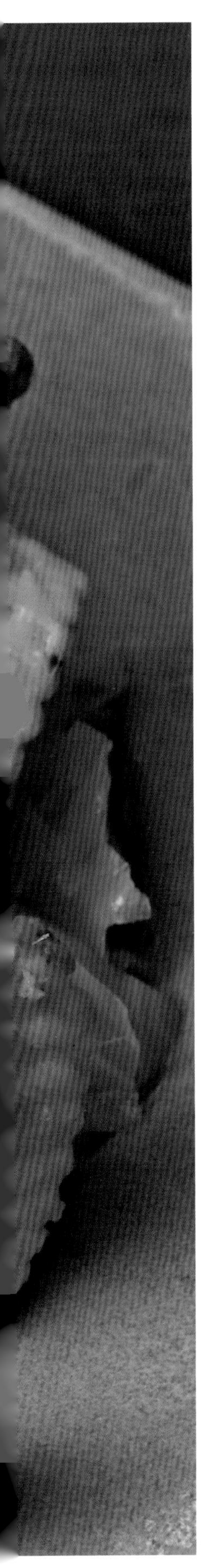

盐蒸郁金香鸡翅中

材料（2人份）

鸡翅中…6根

A

- 清酒…2大勺
- 盐…1小勺
- 黑胡椒粉…少许
- 生姜末…1/2小勺

卷心菜…1/4个

B

- 大葱（切成碎末）…1/3根
- 芝麻油…2大勺
- 炒白芝麻…1小勺
- 酱油…1小勺

山葵泥…少许

水…1杯

做法

1 鸡翅中做成关西风的郁金香形状（见p.94），加入A的所有材料揉搓，再静置15分钟使入味。卷心菜切成格子状得到边长3~5 cm的大片（或用手撕成大片）。

2 平底锅中铺上1的卷心菜，加入1杯水（水量要控制好，才能形成蒸的效果），然后在卷心菜上并排放上1的鸡翅中。盖上锅盖后开火，水沸腾之后转小火蒸7 ~ 8分钟。

3 鸡翅中连同卷心菜一起盛入器皿中，淋上已混合好的B的酱汁，再配上山葵泥。

「蒸出外皮布丁一般的口感和内里柔软又有弹性的鲜美！
卷心菜搭配山葵泥，清淡爽口。」

鸡翅中南蛮渍

材料（2人份）

鸡翅中…6根
洋葱…1/2个
红彩椒…1/4个
黄瓜…1/2根
鹰爪辣椒*…1个
盐、胡椒粉…各少许
低筋面粉…适量

A
出汁（见p.23）…1¼杯
醋…1/2杯
砂糖…2大勺
酱油…3大勺

炸物油…适量

*鹰爪辣椒，指日本一种形似鹰爪、很辣的红色辣椒。可用朝天椒等代替。

做法

1 洋葱切薄片散开成细条。红彩椒和黄瓜切成细条。鹰爪辣椒去籽，切成圆圈状。
2 鸡翅中用刀割出数道口子。用盐、胡椒粉调味，再沾裹上低筋面粉。
3 将2的鸡翅中放入170 ℃的炸物油中炸4~5分钟。
4 在稍有些深度的密封容器中放入3的鸡翅中，撒入1的材料。
5 在小锅中混合A的所有材料，煮至开始冒泡后再稍煮约30秒即关火，然后浇在4的材料上。静置冷却至不烫手的程度，放入冰箱冷藏室中腌渍3小时以上使入味。

「酸甜的汤汁中，鸡翅的鲜味一点一点地慢慢融入。」

咖喱渍葡萄干莲藕鸡翅中

材料（2人份）

鸡翅中…6根
胡萝卜…100 g
莲藕…100 g
葡萄干…30 g

A
- 醋…4大勺
- 酱油…1大勺
- 味醂…1大勺
- 咖喱粉…1/2小勺

B
- 色拉油…1/2杯
- 蜂蜜…1大勺

杏仁片…适量
黑胡椒粉…少许
色拉油…1大勺

做法

1 胡萝卜切成5 cm长的细丝。
2 莲藕切成薄片之后再切成半月形或者扇形。
3 平底锅中倒入色拉油加热，用中火把鸡翅中煎得两面金黄。
4 在3的锅中再加入1的胡萝卜、2的莲藕和葡萄干，炒至变软，然后加入A的所有材料翻炒均匀。
5 将4的材料移至密封容器中，加入B的所有材料，快速搅拌混匀。静置冷却至不烫手的程度，放入冰箱冷藏室中腌渍3小时以上使入味。
6 盛入器皿中，撒上黑胡椒粉、杏仁片。

「咖喱风味的腌渍汁，和有着若有若无的香甜气味的葡萄干，与鸡翅和莲藕十分搭配。」

梅干煮鸡翅中

材料（2人份）

鸡翅中…6根

梅干…4个

大葱…1根

青紫苏叶…5片

A

- 水…1½杯
- 清酒…1/4杯
- 味醂…1/4杯
- 酱油…1/4杯
- 砂糖…1大勺
- 日本出汁昆布（见p.11）…5 g

做法

1. 大葱切成5 cm长的段。
2. 青紫苏叶切成细丝。
3. 平底锅开中火加热，放入鸡翅中煎至两面金黄。
4. 在3的平底锅中再放入混合好的A的所有材料，煮沸之后加入1的大葱和梅干，盖上铝箔纸小火煮10分钟左右。
5. 盛入器皿中，摆上2的青紫苏叶。

「梅干煮得酸甜，鸡翅中则柔嫩多汁。
最后放上青紫苏叶，享受芳香的气味。」

第5章

鸡绞肉

鸡绞肉口味虽然清淡，却能展现丰富的层次。
从经典的肉糜、与各种食材搭配的炒菜、
云吞或烧麦的内馅，
到汤品或者蒸品，以及欧姆蛋或者可乐饼等，
这些口味丰富的美味，均可用鸡绞肉来实现。
这部分会介绍能充分享用鸡绞肉的各种食谱。

◎鸡绞肉的烹饪要点

用煮汁来造就湿软感鸡肉糜

鸡肉糜的制作，一般采用把鸡绞肉炒至松散之后加入调味料的手法，但是最近我常会采用把生鸡绞肉加入一大锅煮汁中，一边浸泡入味一边煮熟的手法，来制作出独特的笠原风的“湿软感鸡肉糜”。

炒鸡绞肉

因为容易熟，所以要尽快把鸡绞肉炒至松散。熟过头就会变成干柴的口感，一定要注意。

鸡绞肉作为馅料

包子或者云吞、饺子等，都可以用鸡绞肉作为馅料，要注意不要包裹太多的馅料。包得好的诀窍在于：包子的话，面皮要一点点向上、向中间推挤直至收紧开口；饺子或者云吞的话，因为容易露馅和表皮破掉，所以最重要的是不要放入太多馅料。

脆脆鸡胗鸡肉糜

湿软感鸡肉糜

脆脆鸡胗鸡肉糜

材料（2人份）

鸡腿绞肉…400 g

鸡胗…100 g

A

- 水…1/2杯
- 清酒…1/2杯
- 味醂…1/2杯
- 酱油…1/2杯
- 砂糖…2大勺
- 山椒粉…少许

芝麻油…1大勺

做法

1 鸡胗事先处理好（见 p.162），切碎。

2 平底锅中倒入芝麻油加热，放入1的鸡胗和鸡腿绞肉，用木勺一边翻炒一边搅散鸡腿绞肉。

3 炒至整体都松散变熟之后，加入A的所有材料煮5～6分钟。撇去浮沫。关火，静置放凉。

※放入密封容器中，在冰箱冷藏室中可保存5日。

湿软感鸡肉糜

材料（2人份）

鸡腿绞肉…500 g

A

- 水…1杯
- 清酒…4大勺
- 酱油…6大勺
- 味醂…4大勺
- 砂糖…4大勺

做法

锅中放入鸡腿绞肉和A的所有材料，一边煮一边用数根筷子搅拌。煮至鸡腿绞肉软烂，且煮汁变得澄亮之后关火，保持着鸡腿绞肉仍浸泡在煮汁中的状态静置放凉。

※放入密封容器中，在冰箱冷藏室中可保存5日。

一边煮一边用数根筷子将鸡腿绞肉搅散到细碎状态，这样成品会更细腻。

「加入鸡胗之后增添了颗粒口感。因饱含大量煮汁而倍增湿软感的升级版肉糜。」

鸡肉糜炒黄瓜

材料（2人份）

鸡绞肉…150 g
黄瓜…2根
大蒜…1瓣
A
清酒…1大勺
酱油…1大勺
味醂…1大勺
醋…1大勺
辣椒粉…少许
炒白芝麻…适量
芝麻油…1大勺

做法

1 黄瓜切成滚刀块，大蒜切成薄片。
2 平底锅中倒入芝麻油加热，放入大蒜和鸡绞肉一起翻炒。
3 炒至鸡绞肉松散变色之后，加入黄瓜再快速翻炒一下。加入A的所有材料，一起翻炒均匀。
4 炒好之后加入辣椒粉，再快速翻炒一下混匀，盛入器皿中，撒上炒白芝麻。

「肉糜的脂肪包裹着一块块的黄瓜，再加上少许的醋来提味。一切都很完美。」

茄子盐昆布炒鸡肉糜

材料（2人份）

鸡绞肉…150 g
茄子…3根
洋葱…1/2个
青紫苏叶…10片
日本盐昆布（见p.12）…10 g
盐…少许
清酒…2大勺
色拉油…2大勺

做法

1 茄子切成薄片之后再切成细条，用水洗净。
2 洋葱切薄片散开成细条，青紫苏叶切成细丝。
3 平底锅中倒入色拉油加热，放入鸡绞肉翻炒。
4 炒至鸡绞肉变松散之后，加入1的茄子和2的洋葱，撒盐，炒至蔬菜变软。
5 加入清酒和日本盐昆布翻炒均匀，炒好之后再加入2的青紫苏叶，快速翻炒一下。

「鸡绞肉和日本盐昆布的醇厚味道，都渗入茄子中。」

鸡肉糜拟制豆腐

「豆腐中融入了鸡绞肉的鲜美，是很适合降雨日子的一道料理。
这种柔和的鲜甜口味也很不错。」

材料（21 cm×8 cm×6 cm的模具1个）

鸡绞肉…100 g

木棉豆腐…300 g

胡萝卜…30 g

鸭儿芹…5根

香菇…2个

鸡蛋…3个

A

砂糖…30 g

淡口酱油…25 mL

色拉油…1大勺

事先准备：烤箱预热至250 ℃。

做法

1 木棉豆腐用厨房纸包裹，静置10分钟去除多余的水。

2 胡萝卜切成细丝，鸭儿芹切成1 cm长。香菇去除柄，伞盖切成薄片。

3 平底锅中倒入色拉油加热，放入鸡绞肉、胡萝卜、香菇一起翻炒。蔬菜变软之后，将木棉豆腐边用手掰成小块边加入锅中。炒至水分蒸发，再加入A的所有材料翻炒均匀，关火。

4 鸡蛋打散，一点一点加入3的材料中，翻拌混合至呈半熟状态（见图a）。加入鸭儿芹，再快速翻炒一下。

5 模具内铺上烤箱专用纸，倒入4的材料。让模具从高处向下轻轻磕打在菜板上数次，以去除材料中的空气。再放入250 ℃的烤箱中烤20~30分钟。

6 静置冷却至不烫手的程度之后，从模具中取出切成一口大小。

关火之后利用余温来加热鸡蛋，要一点一点慢慢加入使其呈半熟状态。

番茄鸡蛋炒鸡肉糜

材料（2人份）

鸡绞肉…150 g

番茄…2个

鸡蛋…2个

盐…少许

A

- 清酒…1大勺
- 酱油…1大勺
- 砂糖…2小勺

黑胡椒粉…少许

色拉油…2大勺

做法

1 番茄切成滚刀块。

2 鸡蛋打散，加盐之后搅拌均匀。

3 平底锅中倒入1大勺色拉油加热，倒入2的鸡蛋液。鸡蛋液边缘开始膨胀鼓起时，用筷子慢慢划炒，呈半熟状态之后取出备用。

4 同一个平底锅中再倒入1大勺色拉油加热，放入鸡绞肉，一边翻炒一边搅散。变色之后加入A的所有材料再快速炒一下，然后加入1的番茄翻炒均匀。

5 将3的鸡蛋倒回4的锅中，稍微混合翻炒所有材料。盛入器皿中，撒上黑胡椒粉。

「一口就能同时尝到鸡蛋的软香、番茄的酸味和鸡肉的甘甜,多重美味融合在一起。」

松软蛋白炒鸡肉糜

材料（2人份）

鸡绞肉…200 g
蛋白…2个分
蟹味菇…1盒
大葱…1/2根
芦笋…2根

A
出汁（见p.23）…3/4杯
牛奶…3大杯
味醂…1小勺
蚝油…1小勺
盐…1/2小勺
黑胡椒粉…少许

色拉油…1大勺
水淀粉…1大勺

做法

1 蟹味菇去掉柄末端的硬蒂，拆散。大葱斜切成薄片。芦笋去掉根部，切成较小的滚刀块。
2 蛋白用手持打蛋器打发至蛋白霜状态。
3 平底锅中倒入色拉油加热，放入鸡绞肉翻炒。鸡绞肉变松散之后加入1的材料，翻炒均匀。
4 在3的材料中加入A的所有材料，煮至开始冒泡后再稍煮约30秒，加入水淀粉勾芡。
5 最后加入2的材料，快速翻炒均匀。

「蛋白的清爽口感，再加上鸡绞肉、蟹味菇的鲜美滋味，演化出一道上品美味。」

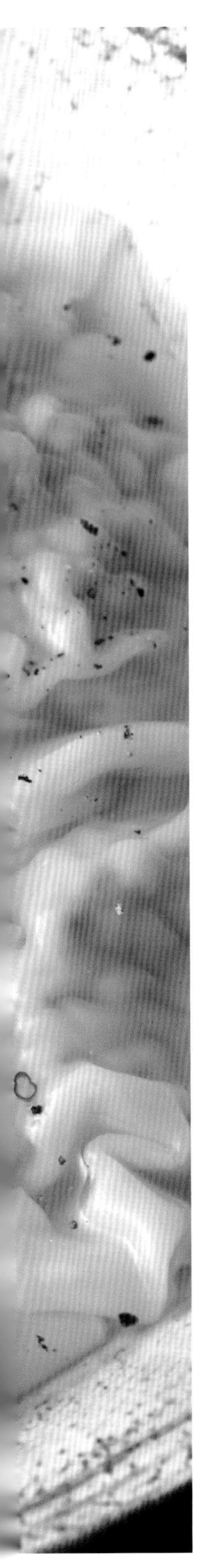

鸡肉虾仁云吞

材料（2～3人份）
鸡绞肉…100 g
鲜虾…100 g
大葱…1/4根
鸭儿芹…3根
A
- 酱油…1大勺
- 味醂…1大勺
- 生姜末…1/2小勺
- 芝麻油…1小勺

云吞皮…20片
B
- 鸡骨高汤…2杯
- 淡口酱油…1½大勺
- 味醂…1大勺

小葱（切成小圆圈状）…3根
黑胡椒粉…少许

做法
1 大葱和鸭儿芹切成碎末。
2 鲜虾剥壳，去掉虾线。用刀剁成肉末状。
3 大碗中放入1的蔬菜、2的鲜虾、鸡绞肉、A的所有材料，一起混合拌匀做成馅料。
4 在云吞皮上放上适量的3的馅料，将云吞皮包起来（见图a）。
5 锅中倒入足量的水煮沸，加入4的云吞，煮1~2分钟后捞起沥干水。
6 另一个锅中放入B的所有材料，稍微煮1~2分钟，倒入器皿中。加入5的云吞，撒上小葱和黑胡椒粉。

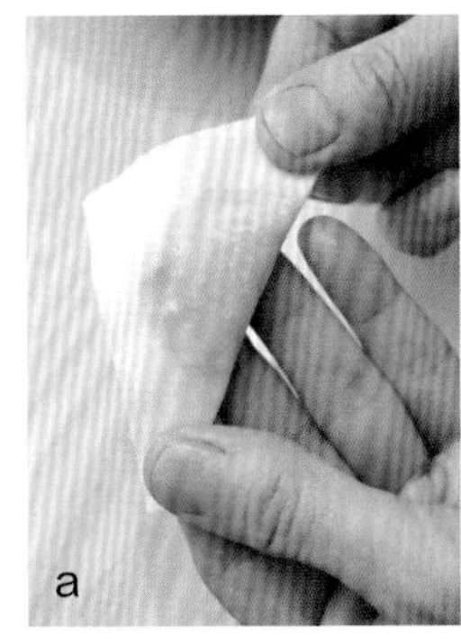

在云吞皮的正中间放上馅料，将云吞皮折成三角形。再用手指紧紧按压云吞皮的边缘封住开口。

「鲜虾与鸡肉的华丽二重奏。
让人想要将云吞连同味道柔和的高汤一起一口吸溜进嘴里。」

鸡肉香菇烧麦

材料（2~3人份）

鸡绞肉…200 g
洋葱…100 g
香菇…3个
灰树花菌…1/2盒
鸡蛋液…1/2个分
A
- 酱油…1大勺
- 砂糖…2小勺
- 芝麻油…1小勺
- 生姜末…1小勺
- 盐…少许
- 胡椒粉…少许

淀粉…4大勺
烧麦皮…15片
黄芥末酱…少许
酱油…少许
圆生菜叶（作为垫纸）…1~2片

做法

1 洋葱、香菇、灰树花菌切成稍粗一点的碎末。

2 大碗中放入鸡绞肉和鸡蛋液，用手充分揉捏拌匀。加入A的所有材料，再继续揉捏拌匀。

3 1的蔬菜撒上淀粉，确保整体都裹上淀粉。加入2的大碗中，混合拌匀（不要用手揉捏）做成馅料。

4 3的馅料分成15等份，用烧麦皮包起来（见图a、图b、图c）。

5 铁盘内铺上圆生菜叶（作为垫纸，也可以用烘焙油纸），再并排放上4的烧麦。然后连同圆生菜叶一起把烧麦放入已经预热好有蒸汽冒出的蒸笼中，蒸8~10分钟。

6 盛入器皿中，搭配由黄芥末酱和酱油混合而得的芥末酱油一起食用。

a

在烧麦皮的正中央放上适量的馅料，在中间插入树脂刮刀。

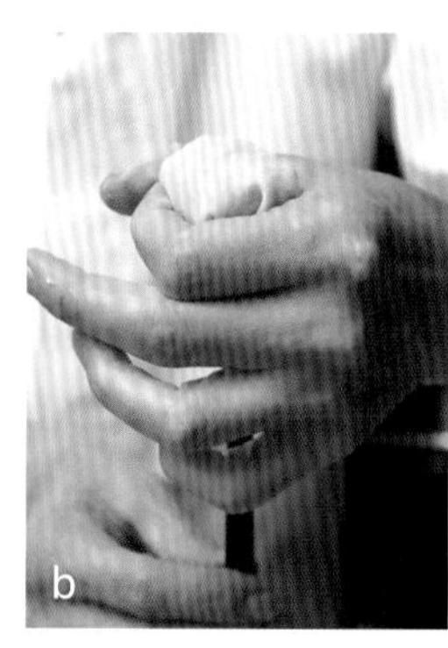
b

将整个烧麦皮倒转过来，收拢烧麦皮包裹住馅料。

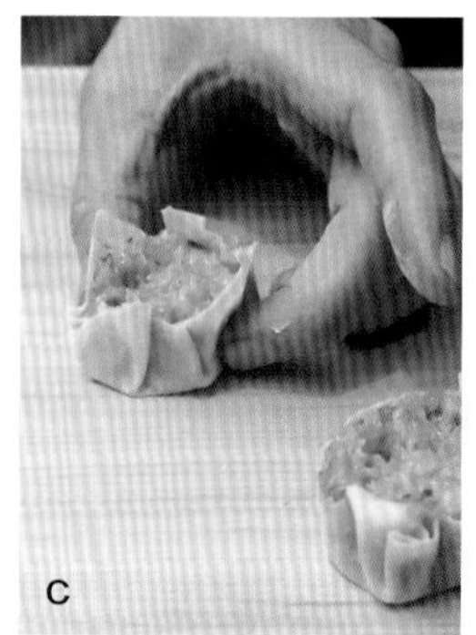
c

再把烧麦皮反转至正向，拔去刮刀，整理一下表面。

「因为使用了鸡肉，内馅松软爽口，同时又黏稠多汁。」

奶汁煮拳头鸡肉丸子

材料（2人份）

鸡绞肉…200 g
鸡腿肉…100 g
洋葱…200 g
A
鸡蛋液…1/2个分
淀粉…1大勺
酱油…1大勺
味醂…1大勺
砂糖…少许
菠菜…1/2扎
金针菇…1袋（小）
B
出汁（见p.23）…1杯
牛奶…1杯
淡口酱油…1大勺
味醂…2大勺
水淀粉…2大勺
盐…适量
黑胡椒粉…少许
色拉油…2大勺

做法

1 洋葱磨成泥，用棉布包起来，拧干水。
2 菠菜放入加了少许盐的沸水中焯一下，捞出放入凉水中，再充分拧干水，切成3 cm长。金针菇去掉根部的硬蒂，按长度对半切开。
3 鸡腿肉切成边长2 cm左右的块，撒上少许盐。
4 大碗中放入鸡绞肉和1的洋葱，揉拌均匀。加入A的所有材料继续揉捏，最后加入3的鸡腿肉混合均匀（见图a）。捏成拳头大小的鸡肉丸子。
5 平底锅中倒入1大勺色拉油加热，并排放入4的鸡肉丸子。煎至两面均变得焦黄之后，暂时取出。
6 同一个平底锅中倒入剩余的1大勺色拉油加热，放入金针菇快速炒一下。
7 6的材料中加入B的所有材料，煮至开始冒泡后再稍煮约30秒，把5的鸡肉丸子再倒回锅中。盖上铝箔纸，小火焖煮10分钟左右，再加入菠菜稍微煮一下。最后加入水淀粉勾芡，再放盐调味。
8 盛入器皿中，撒上黑胡椒粉。

在鸡绞肉中加入切成块的鸡腿肉，能让鸡肉丸子更有分量感。

「鸡绞肉中加入切成块的鸡腿肉，丸子会更有分量感，也会更多汁美味，让食用时的满足度得以大幅提升。」

鸡肉包子

材料（8个）

鸡绞肉…200 g
大葱…1/3根
生姜…5 g
香菇…2个
A
清酒…1大勺
酱油…1大勺
蚝油…1/2大勺
黑胡椒粉…少许
芝麻油…1小勺

面皮
低筋面粉…200 g
干酵母粉…1小勺
砂糖…1大勺
盐…一小撮
温水…110 mL
色拉油…1大勺

做法

1 大碗中放入面皮的所有材料，再分3~4次加入温水。用筷子搅拌，搅拌到一定程度之后用手揉和。将面皮材料揉和至成团且表面有光泽之后加入色拉油，再继续揉和。

2 面团变得光滑之后整形成圆球状，盖上湿水后拧干至微潮状态的毛巾，在常温下静置进行第一次发酵，使其膨胀至2倍大的程度（夏天静置30分钟左右，冬天静置1小时左右）。

3 大葱、生姜、香菇切成碎末。

4 大碗中放入鸡绞肉、3的材料、A的所有材料，充分混合均匀做成馅料，分成8等份。

5 若有可在手上沾些手粉防粘，将2的面团整形成圆条状。切成8等份，用擀面杖擀成圆形面皮，将4的馅料放在面皮上包起来（见图a、图b、图c）。再次盖上湿水后拧干至微潮状态的毛巾，在常温下静置20~30分钟进行第二次发酵。

6 在蒸笼里铺上烘焙油纸，放上5的包子。大火蒸15分钟左右。

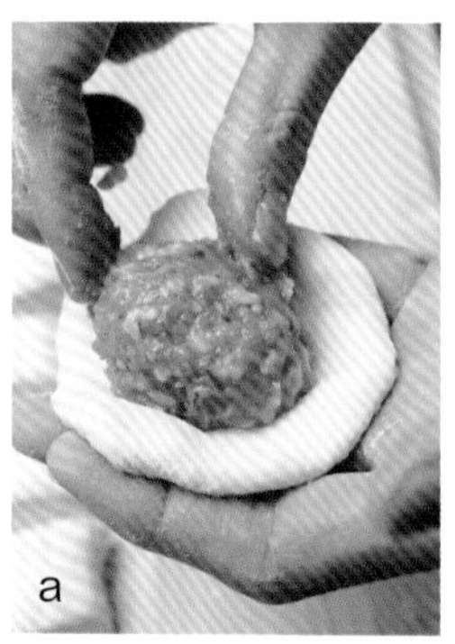

a 在延展到合适程度的面皮的正中央放上馅料。

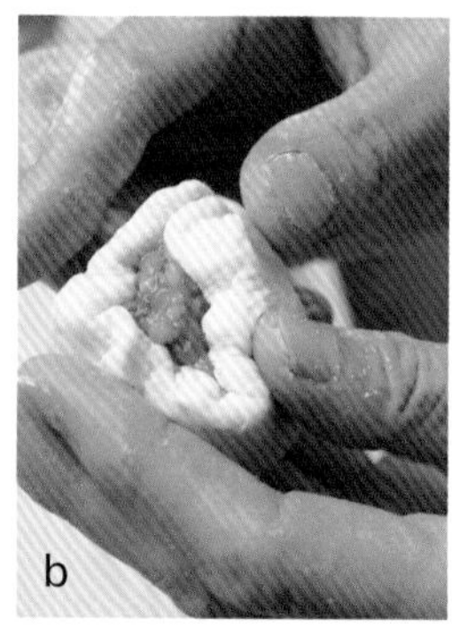

b 一边将周围的面皮一点点贴近馅料，一边将其向上、向中间推挤包裹住馅料。

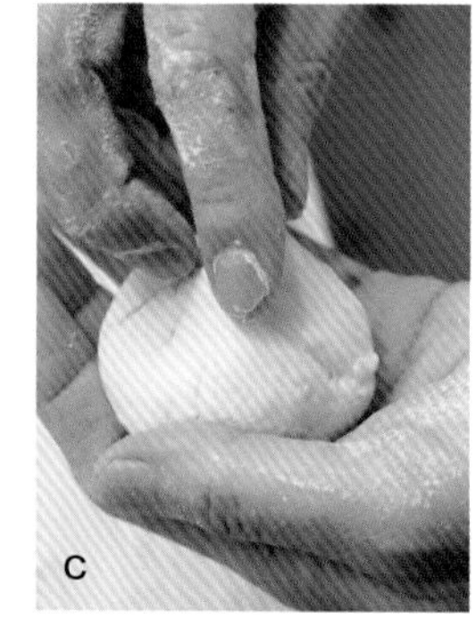

c 最后扭着收紧面皮封口。

「软糯的面皮、肉汁充盈的馅料组合成的很有分量感的鸡肉包子。不管多少个都吃得下。」

鸡肉芥菜糯米团子

材料（2人份）

鸡绞肉…100 g
盐渍芥菜…40 g
A
味醂…1大勺
酱油…1小勺
芝麻油…1大勺
白玉粉…100 g
水…1杯
B
出汁（见p.23）…1杯
淡口酱油…1大勺
味醂…1大勺
水淀粉…1大勺
日本柚子（香橙）皮…少许

做法

1 盐渍芥菜拧干汁水，切成碎末。
2 平底锅中倒入芝麻油加热，放入半量的鸡绞肉和1的盐渍芥菜一起翻炒。鸡绞肉松散变色之后加入A的所有材料一起翻炒均匀，然后静置冷却至不烫手的程度。
3 2的材料移入大碗中，加入剩余的鸡绞肉。混合均匀之后团成数个一口大小的圆球作为馅料。
4 另一个大碗中放入白玉粉，一点一点加入1杯水揉捏拌和。待手感像耳垂一样柔软时，适量等分成数份作为外皮，把3的馅料包裹起来后搓圆（见图a）。
5 锅中倒入水煮沸，放入4的团子，煮4分钟左右，捞起浸泡在凉水中。
6 另一个锅中放入B的所有材料，稍微煮1~2分钟后加入水淀粉勾芡。
7 5的团子沥干水后盛入器皿中，倒入6的汤汁，再摆上切成丝的日本柚子皮。

把馅料放在外皮正中央，然后用周围的外皮贴近馅料包裹起来。手上不要沾太多水，是包得好的关键。

「加了芥菜的鸡绞肉被软糯又有弹性的白玉粉外皮包裹着，这一道可算肉馅料理中的上品。」

土豆可乐饼

材料（2人份）

鸡绞肉…150 g
洋葱…1/2个
色拉油…1大勺
黄油…10 g
A
酱油…1½大勺
味醂…1½大勺
土豆…3个
盐…适量
黑胡椒粉…少许
卷心菜…1/4个
低筋面粉…适量
鸡蛋液…1个分
面包糠…适量
炸物油…适量

做法

1 洋葱切成碎末。
2 平底锅中倒入色拉油加热，加入黄油，再放入鸡绞肉和1的洋葱一起翻炒。炒至洋葱变软、鸡绞肉松散变色之后，加入A的所有材料翻炒均匀。
3 土豆去皮，放入加了少许盐的沸水中煮至变软。移入大碗中，趁热捣烂。
4 在3的材料中加入2的材料，再用盐、黑胡椒粉调味。分成6等份，整成椭圆形。
5 4的材料依序沾裹上低筋面粉、鸡蛋液、面包糠，放入170 ℃的炸物油中炸至两面金黄。
6 盛入器皿中，摆上切成细丝的卷心菜。

「经典的可乐饼也可以用鸡绞肉来制作，清爽而又多汁的口感令人惊喜。」

鸡肉糜欧姆蛋

材料（2人份）

鸡绞肉…200 g
洋葱…1/4个
香菇…2个
A
清酒…1大勺
酱油…1大勺
味醂…1大勺
色拉油…3大勺
鸡蛋…6个
黄油…10 g
调味番茄酱…适量
盐…适量
胡椒粉…适量
鲜奶油…2大勺

做法

1 洋葱和香菇切成碎末。

2 平底锅中倒入1大勺色拉油加热，放入1的材料和鸡绞肉翻炒。鸡绞肉松散变色之后，加入A的所有材料翻炒均匀。暂时取出备用。

3 大碗中放入3个鸡蛋打散，加入盐、胡椒粉各少许，再加入1大勺鲜奶油和2的材料的半量，一起混合拌匀。

4 平底锅中倒入1大勺色拉油加热，再放入5 g黄油。倒入3的材料，用筷子快速地混合划拌至半熟状态。

5 平底锅朝人身对侧的方向轻微倾斜，用铲子整出欧姆蛋的形状后翻面（见图a）。

6 盛入盘中，挤上调味番茄酱。另一个欧姆蛋也以同样的方法制作。

平底锅朝人身对侧的方向轻微倾斜，用铲子一点点整形，然后翻面。

「享受黄油和鲜奶油的香醇，以及鸡绞肉上佳的甘美味道和松软口感。
把让人留恋的滋味，用鸡蛋包裹起来。」

鸡豆腐咖喱

材料（2人份）

鸡绞肉…200 g
洋葱…1/2个
生姜…10 g
色拉油…1大勺
咖喱粉…1½大勺
A
清酒…2大勺
酱油…2大勺
黄油…10 g
牛奶…3/4杯
砂糖…1小勺
绢豆腐…1块
米饭…400 g
鸭儿芹…3根
烤海苔丝…少许

做法

1 洋葱和生姜切成碎末。
2 平底锅中倒入色拉油加热，放入1的材料和鸡绞肉翻炒。鸡绞肉松散变色之后，加入咖喱粉翻炒至混合均匀且有香味飘散出来。
3 在2的材料中加入A的所有材料，稍微煮1~2分钟。用手把绢豆腐掰碎一些放入锅中（见图a），煮2分钟左右。
4 在器皿中盛入米饭，浇上3的材料，再摆上切成3~5 cm长的鸭儿芹和烤海苔丝。

绢豆腐不需要沥干水，用手尽量掰碎一些放入锅中，这样能让咖喱味道的汤汁更好地渗入，绢豆腐吸饱汤汁后美味翻倍。

「鸡绞肉搭配绢豆腐，饱含咖喱美味的和风肉末咖喱料理诞生了。」

第6章 鸡小胸

低热量又清淡的鸡小胸，
听说也有很多人烦恼该如何去烹饪。
其实鸡小胸可以快速汆烫做成刺身风味，
也可以汆烫或者油浸之后撕开放入沙拉中，
还可以油炸处理等，
实在是可自在变幻、随意处理的部位。
最重要的一点是，一定要买到足够新鲜的鸡小胸。
那么，就可以尽情发挥了。

◎鸡小胸的烹饪要点

去除筋

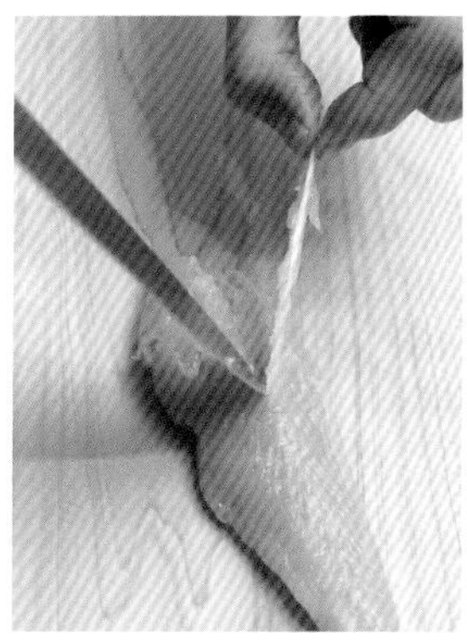
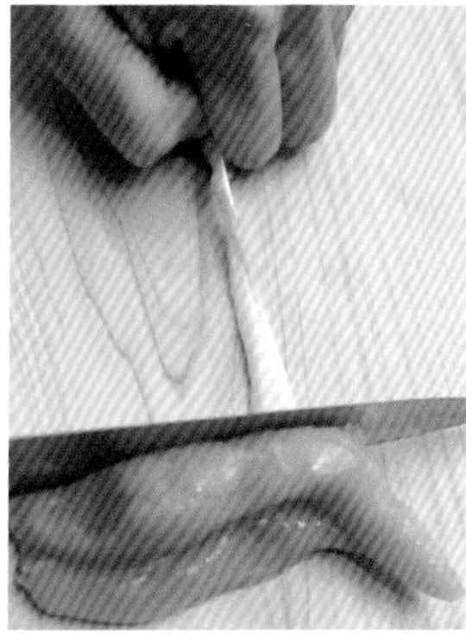
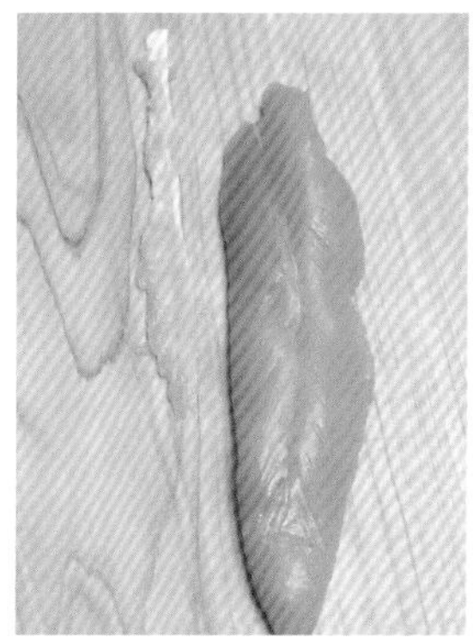

在鸡小胸的正中央有一根银白色的筋，从一端开始在筋的两侧分别用刀划开一道口子，划至接近筋一半长度的位置，然后用手捏住筋的这端将筋拉出来。拉扯出来一定长度后，一只手扯紧筋保持不动，另一只手将刀的刀背向下压紧筋且刀的右侧贴紧鸡小胸，重复小幅度前后抽拉刀的同时一直向右侧滑移刀，以推挤着鸡小胸一点点与筋分离，直至筋完全从鸡小胸上剥离下来。

汆烫

与鸡大胸一样，鸡小胸也必须注意不能熟过头。如果要做成刺身风味，在沸水中快速汆烫至仅外层变白的程度，就刚好合适。即便是要汆烫得略熟一点的情况，也不要汆烫至变硬的程度，最后还带着稍微松软的感觉才是最好的。

穿成串

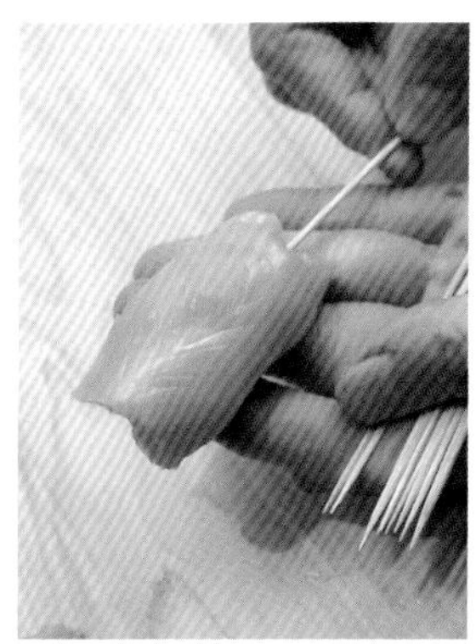

也很适合穿成串用来烤制或者炸制，所以请尽情享受各种各样的吃法吧。

鸡小胸白菜沙拉

材料（2人份）

鸡小胸…2条

白菜（中心的黄色部分）…300 g

日本盐昆布（见p.12）…10 g

盐…少许

A

- 蛋黄酱…2大勺
- 醋…2大勺
- 色拉油…2大勺

黑胡椒粉…少许

做法

1 鸡小胸去除筋（见 p.141），整体撒上薄薄一层的盐，静置 10 分钟待用。

2 锅中倒入水煮沸，放入 1 的鸡小胸后关火。静置 5 分钟之后捞起，仔细擦拭干余水后，用手撕成粗条。

3 白菜切成格子状得到边长 3~5 cm 的大片（或用手撕成大片）。

4 混合 A 的所有材料，加入 2 的鸡小胸、3 的白菜、日本盐昆布，快速拌一下。

5 盛入器皿中，撒上黑胡椒粉。

「快速氽烫后还带着松软感觉的鸡小胸，与白菜的甘甜、日本盐昆布的鲜味完美搭配。」

材料（2人份）

鸡小胸…2条
牛蒡…100 g
小葱…5根
盐…少许
A
　芝麻油…1大勺
　酱油…1大勺
　醋…1大勺
　砂糖…1小勺
炒白芝麻…少许
辣椒粉…少许
炸物油…适量

做法

1 鸡小胸去除筋（见p.141），整体撒上薄薄一层的盐，静置10分钟待用。
2 锅中倒入水煮沸，放入1的鸡小胸后关火。静置5分钟之后捞起，仔细擦拭干余水后，用手撕成粗条。
3 牛蒡刮去表皮，削铅笔般边转动边削成薄片，用水快速洗净后充分沥干水。放入170 ℃的炸物油中素炸至酥脆。
4 小葱切成5 cm长的段。
5 混合A的所有材料，加入2的鸡小胸、3的牛蒡、4的小葱后拌匀。
6 盛入器皿中，撒上炒白芝麻和辣椒粉。

鸡小胸油炸牛蒡小葱沙拉

「炸至酥脆的牛蒡，给鸡小胸带来醇厚的味道和有层次的口感。」

山葵鸡肉

材料（2人份）

鸡小胸（非常新鲜的）…2条

鸭儿芹…5根

A

- 酱油…1大勺
- 味醂…1小勺
- 山葵泥…1/2小勺

烤海苔丝…适量

做法

1 鸡小胸去除筋（见p.141）。

2 锅中倒入水煮沸，放入鸭儿芹快速汆烫，捞起浸入冰水中。

3 在2的沸水中放入1的鸡小胸快速汆烫，待外层变白之后即捞起，放入冰水中稍微浸泡一下，捞起擦拭干余水，切成大块。鸭儿芹也同样捞起擦拭干余水。

4 混合A的所有材料，加入3的鸡小胸和鸭儿芹拌匀。

5 盛入器皿中，撒上烤海苔丝。

「柔嫩、黏糯，美味在舌尖跳跃，让人情不自禁地发出赞叹。」

材料（2人份）

鸡小胸（非常新鲜的）…2条
囊荷…1个
生姜…5 g
小葱…3根
A
味噌…1大勺
味醂…1小勺
青紫苏叶…1~2片
酢橘…1/2个
烤海苔片…1片

做法

1 鸡小胸去除筋（见 p.141），放入沸水中快速汆烫。待外层变白之后即捞起，放入冰水中稍微浸泡一下，捞起擦拭干余水。
2 1的鸡小胸切成小块。
3 囊荷、生姜切成碎末，小葱切成小圆圈状。
4 混合A的所有材料，加入2的鸡小胸和3的材料拌匀。
5 在器皿中铺上青紫苏叶，盛入4的材料，再摆上烤海苔片和酢橘。

「挤上几滴酢橘汁，用烤海苔片卷着吃，清淡爽口。」

油浸鸡小胸

材料（2人份）

鸡小胸…5条

大葱…1/2根

A

色拉油…1杯

酱油…1小勺

盐…适量

黑胡椒粉…少许

做法

1 大葱切成碎末，与A的所有材料混合拌匀。

2 鸡小胸去除筋（见 p.141），整体撒上薄薄一层的盐，静置10分钟待用。

3 锅中倒入水煮沸，放入2的鸡小胸后关火。静置5分钟之后捞起，仔细擦拭干余水。

4 把3的鸡小胸并排放入密封容器中，倒入1的材料，放入冰箱冷藏室中静置1小时以上使入味。

5 鸡小胸从冰箱中取出，斜着削切成一口大小，盛入器皿中，撒上黑胡椒粉。

※放入密封容器中，在冰箱冷藏室中可保存5日。

放入密封容器中，浸泡在油液中保存。

「绵密而松软的双重口感。可以就这样直接吃，也可以搭配面、沙拉、三明治等一起吃。」

鸡小胸泡菜肉脍

材料（2人份）

鸡小胸（非常新鲜的）…2条

韩式辣白菜…50 g

A

- 芝麻油…1大勺
- 酱油…1小勺
- 味醂…1小勺

黄瓜…1/2根

生菜叶…1片

蛋黄…1个

炒白芝麻…少许

做法

1 鸡小胸去除筋（见 p.141），放入沸水中快速汆烫。待外层变白之后即捞起，放入冰水中稍微浸泡一下，捞起擦拭干余水。

2 1的鸡小胸斜着削切成一口大小。韩式辣白菜切成格子状得到边长3~5 cm的大片。

3 混合A的所有材料，加入2的鸡小胸和韩式辣白菜，快速拌一下。

4 黄瓜切成细丝。

5 在器皿中铺上生菜叶，盛入3的材料，中央摆上蛋黄。再摆上4的黄瓜丝，撒上炒白芝麻。

「鸡小胸的黏糯口感，配上韩式辣白菜的辛辣滋味，还有生蛋黄的鲜美。说到家常版的泡菜肉脍，就一定是这道了！」

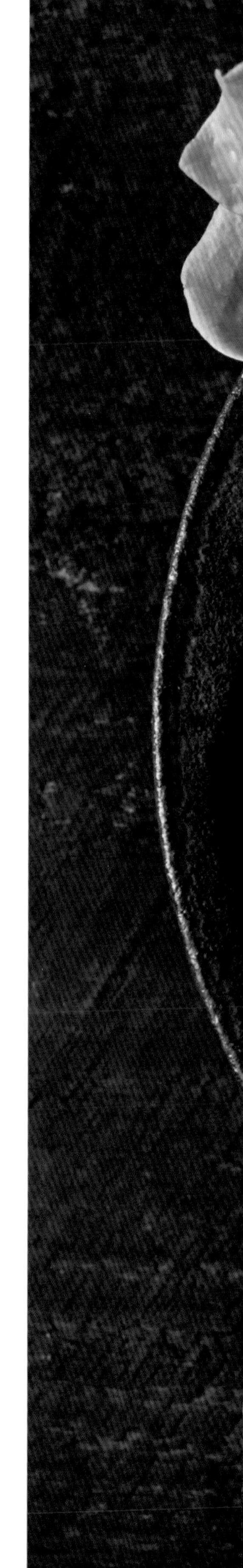

韩式芹菜拌鸡小胸

材料（2人份）

鸡小胸…2条

芹菜…100 g

盐…适量

鲣鱼干薄片（木鱼花）…适量

A

- 芝麻油…1大勺
- 酱油…1小勺
- 味醂…1小勺
- 黑胡椒粉…少许
- 蒜泥…1/2小勺

炒白芝麻…适量

做法

1 鸡小胸去除筋（见 p.141），整体撒上薄薄一层的盐，静置10分钟待用。

2 锅中倒入水煮沸，放入1的鸡小胸之后关火。静置5分钟之后捞起，仔细擦拭干余水。

3 芹菜去筋，切成薄片之后撒上少许盐轻轻揉搓。擦干渗出的水。

4 混合A的所有材料，加入2的鸡小胸、3的芹菜、鲣鱼干薄片，快速拌一下。

5 盛入器皿中，撒上炒白芝麻。

「鲣鱼的香气和鲜味，让鸡小胸和芹菜的清淡口味更富层次感！」

裙带菜拌鸡小胸

材料（2人份）

鸡小胸（非常新鲜的）…2条
裙带菜（生的）…40 g
大葱…1/3根
A
- 白味噌…2大勺
- 砂糖…1大勺
- 醋…2大勺
- 淡口酱油…1小勺
- 黄芥末酱…1/2小勺

紫苏花穗…3根

做法

1 鸡小胸去除筋（见 p.141），放入沸水中快速汆烫。待外层变白之后即捞起，放入冰水中稍微浸泡一下，捞起擦拭干余水。
2 1的鸡小胸斜着削切成一口大小。裙带菜切成大片。
3 大葱放入沸腾的热水中焯一下，变软之后捞起。充分挤干水之后切成3 cm长的段。
4 混合A的所有材料，加入2的鸡小胸和裙带菜、3的大葱，快速拌一下。
5 盛入器皿中，撒上紫苏花穗。

「鸡小胸的柔嫩口感，与白味噌的黏稠质感交织在一起。」

梅干拌鸡小胸芜菁
明太子拌鸡小胸菜豆
芝麻拌鸡小胸西洋菜

明太子拌鸡小胸菜豆

材料（2人份）

鸡小胸…2条

菜豆…8根

明太子…1腹（2条）

A

- 色拉油…1大勺
- 酱油…1小勺
- 味醂…1小勺

盐…适量

做法

1 鸡小胸去除筋（见 p.141），整体撒上薄薄一层的盐，静置 10 分钟待用。

2 锅中倒入水煮沸，放入 1 的鸡小胸之后关火。静置 5 分钟之后捞起，仔细擦拭干余水。

3 菜豆放入加了少许盐的沸水中焯一下，再用笊篱捞起沥干水。去掉蒂之后按长度切成 3 等份。

4 整条形态的明太子去掉外皮弄散，和 A 的所有材料混合拌匀。

5 4 的材料中加入 2 的鸡小胸和 3 的菜豆，快速拌一下。

梅干拌鸡小胸芜菁

材料（2人份）

鸡小胸…2条

芜菁…2个

梅干…2个

A

- 色拉油…1大勺
- 酱油…1小勺
- 味醂…1小勺

盐…适量

做法

1 鸡小胸去除筋（见 p.141），整体撒上薄薄一层的盐，静置 10 分钟待用。

2 锅中倒入水煮沸，放入 1 的鸡小胸之后关火。静置 5 分钟之后捞起，仔细擦拭干余水。

3 芜菁去皮，块根部分切成月牙形，茎叶部分适量切成短段。撒上少许盐，静置 10 分钟待用。芜菁块根变软之后沥干水，茎叶也挤干水。

4 梅干去核，用刀剁成蓉，与 A 的所有材料混合。

5 4 的材料中加入 2 的鸡小胸和 3 的芜菁，快速拌一下。

芝麻拌鸡小胸西洋菜

材料（2人份）

鸡小胸…2条

西洋菜…1扎

A

- 黑芝麻碎…1大勺
- 酱油…1大勺
- 蜂蜜…1大勺

盐…少许

做法

1 鸡小胸去除筋（见 p.141），整体撒上薄薄一层的盐，静置 10 分钟待用。

2 锅中倒入水煮沸，放入 1 的鸡小胸之后关火。静置 5 分钟之后捞起，仔细擦拭干余水。

3 西洋菜摘取叶子待用。

4 混合 A 的所有材料，加入 2 的鸡小胸和 3 的西洋菜叶子，快速拌一下。

「汆烫后口感柔嫩的鸡小胸和蔬菜的凉拌变奏曲。推荐用这三道菜来下酒。」

鸡小胸美式热狗棒

材料（2人份）

鸡小胸…4条

A

- 松饼预拌粉…150 g
- 牛奶…120 mL
- 蛋黄酱…1大勺
- 盐…一小撮

调味番茄酱…适量

粗粒黄芥末酱…适量

炸物油…适量

做法

1 大碗中放入A的所有材料，混合均匀做成面衣糊。

2 鸡小胸去除筋（见 p.141），纵切成两半，用竹签穿起（见图 a）。

3 2的鸡小胸放入1的面衣糊中，转动竹签使鸡小胸均匀裹上面衣糊。

4 放入170 ℃的炸物油中，一边转动一边炸至呈金黄色，需要炸3~4分钟。

5 盛入器皿中，挤上调味番茄酱，配上粗粒黄芥末酱。

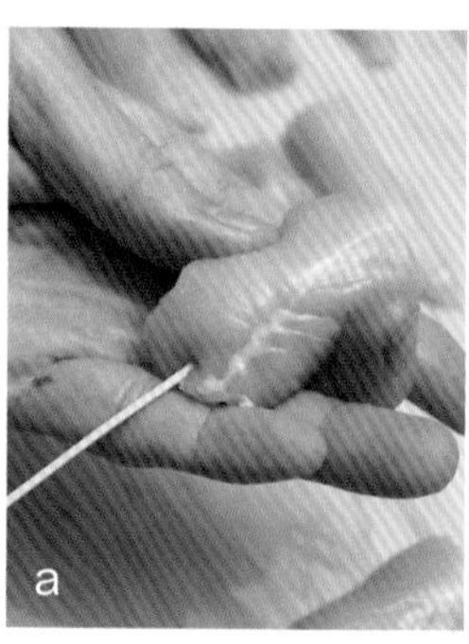

从鸡小胸的正中央穿入竹签。

「鸡小胸和面衣都炸得很蓬松。调味番茄酱和黄芥末酱是必不可少的！」

鸡小胸配萨尔萨酱

材料（2人份）

鸡小胸（非常新鲜的）…2条
番茄…1/2个
黄瓜…1/3根
洋葱…1/6个
青椒…1/2个
盐…少许
A
橄榄油…2大勺
柠檬汁…1大勺
TABASCO辣椒酱…1/2小勺
盐…1小勺
黑胡椒粉…一小撮

做法

1 鸡小胸去除筋（见p.141），放入沸水中快速汆烫。待外层变白之后即捞起，放入冰水中稍微浸泡一下，捞起擦拭干余水。
2 1的鸡小胸斜着削切成一口大小，并排放入器皿中，撒上少许盐。
3 混合A的所有材料做成萨尔萨酱。番茄、黄瓜、洋葱、青椒都切成边长1 cm左右的小块或小片，与萨尔萨酱混合拌匀。
4 在2的鸡小胸上浇上3的材料。

「混合了黄瓜、番茄、洋葱等的清新调味酱，让柔嫩口感的鸡小胸吃起来有爽口的感觉。」

鸡小胸太卷寿司

材料（2人份）
鸡小胸…2条
盐…少许
鸡蛋…3个
A
出汁（见p.23）…3大勺
砂糖…1½大勺
淡口酱油…1小勺
色拉油…1大勺
黄瓜…1根
米饭…300 g
B
醋…2½大勺
砂糖…1大勺
盐…1小勺
烤海苔片…2片
樱花鱼松粉…30 g
甘酢生姜（市售）…适量

做法

1 鸡小胸去除筋（见 p.141），整体撒上薄薄一层的盐，静置 10 分钟待用。
2 锅中倒入水煮沸，放入 1 的鸡小胸之后关火。静置 5 分钟之后捞起，仔细擦拭干余水，用手撕成适当的大小。
3 大碗中打入鸡蛋，加入 A 的所有材料之后混合拌匀。玉子烧专用锅中倒入色拉油加热，制作好玉子烧之后切成 1 cm 见方粗的条。
4 黄瓜纵切成 4 等份，去掉籽。
5 在刚煮好的米饭中放入 B 的所有材料，以切拌的手法混合均匀。
6 在烤海苔片上放上 5 的米饭的半量并摊开，2 的鸡小胸、3 的玉子烧、4 的黄瓜以及樱花鱼松粉也各取半量放在米饭上，卷起来（见图 a）。剩余的材料也以同样的方法制作。
7 切成一口大小后盛入器皿中，摆上甘酢生姜。

米饭摊开至占烤海苔片整体的 3/4 左右即可。鸡小胸撕成适当的大小再摆上去。

「是的，鸡肉也适合用来做太卷寿司。
相比其他食材，使用鸡肉做的太卷寿司有着更易让人接受的清爽口感。」

第7章 鸡肝、鸡心、鸡胗

相当难处理的鸡肝、鸡心、鸡胗，
其实是能成就便宜又美味的料理的天才部位。
只要做好事先处理及掌握烹饪要点，
就能轻松制作成功。
充分发掘与鸡相关的隐藏美味，
在这里升级成为鸡料理的高手吧。

◎鸡肝的事先处理

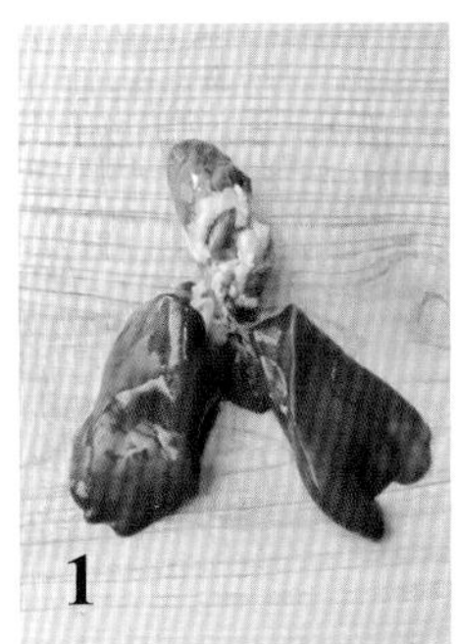

处理前的鸡肝和鸡心的样子。下面两侧是鸡肝，上面是鸡心。

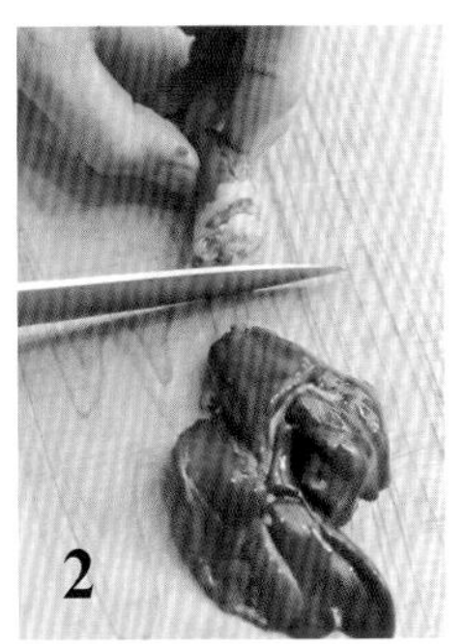

把鸡肝和鸡心切分开来。

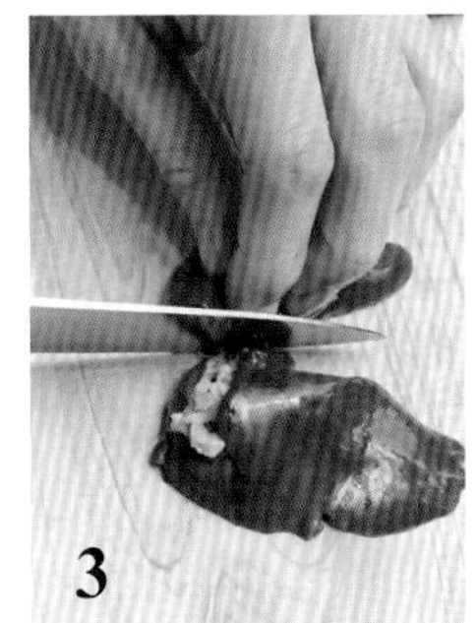

两叶鸡肝也切分开来。

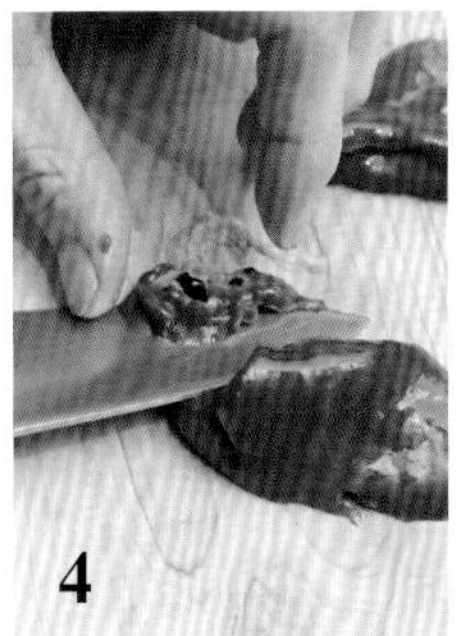

鸡肝去除血块、脂肪的部分。脂肪的部分被称为“白肝”。

5

分成2块的鸡肝和取下来的白肝。

※白肝在家庭烹饪中扔掉也可以，但是也能穿成串来烧烤。鸡肝比较小的会稍微有点硬，适合穿成串来烧烤；比较大的则适合捣碎成泥来使用。

◎鸡心的事先处理

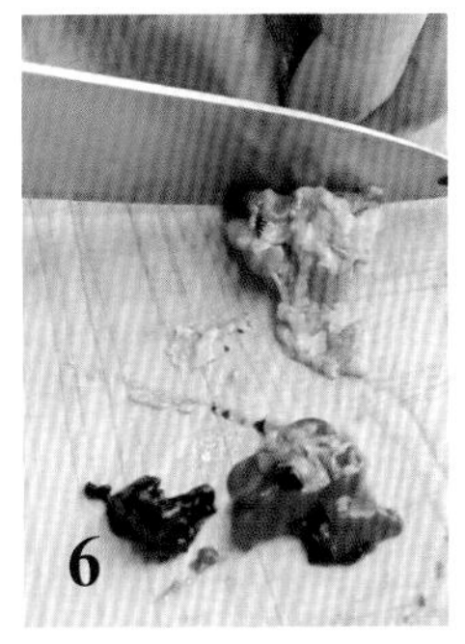

鸡心也去除周围多余的脂肪。

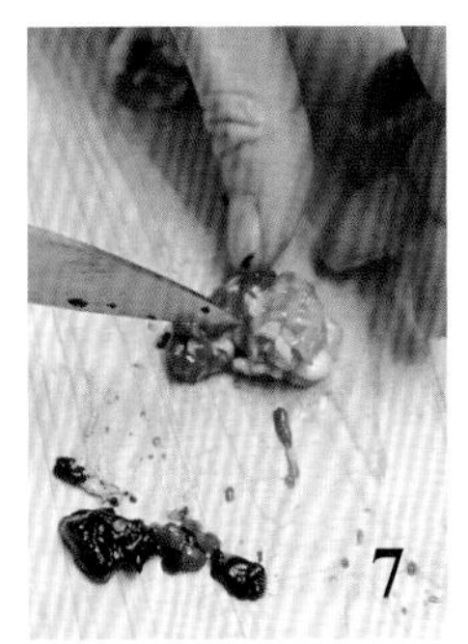

去除血块。

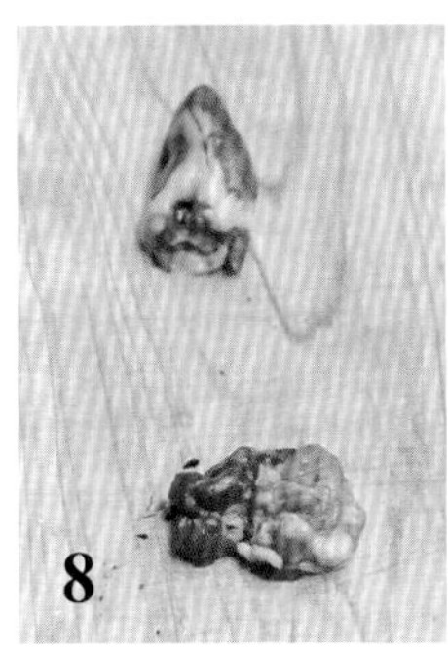

和鸡肝连接在一起的鸡心下面的脂肪部分也被称为“白肝”。

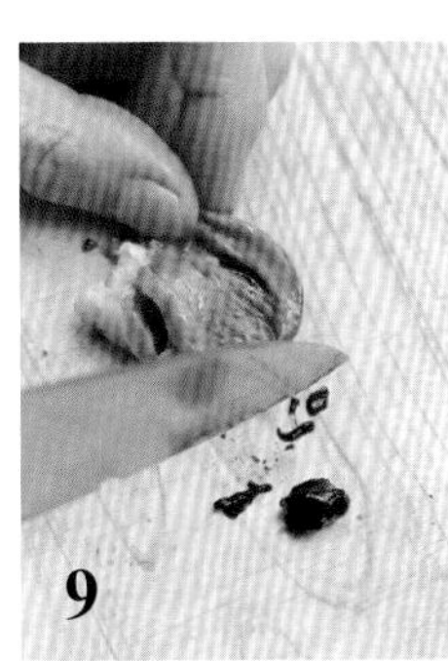

鸡心从中央切开，去除里面的血块。

处理好的鸡肝和鸡心的样子。

◎鸡胗的事先处理

鸡胗上被称为“银皮”的白色部分比较硬。

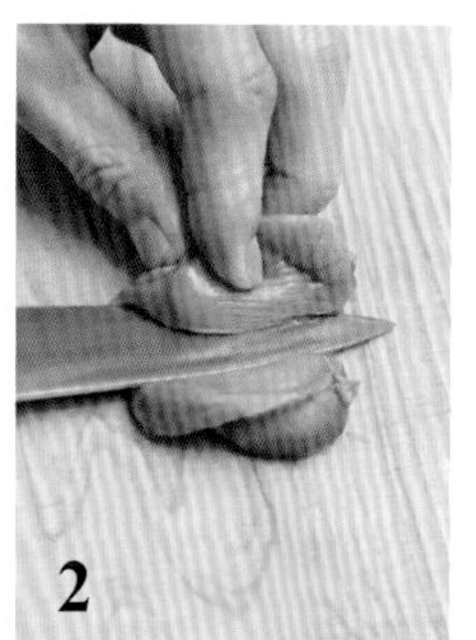
把鸡胗翻面，将中央的银皮部分按压在菜板上。

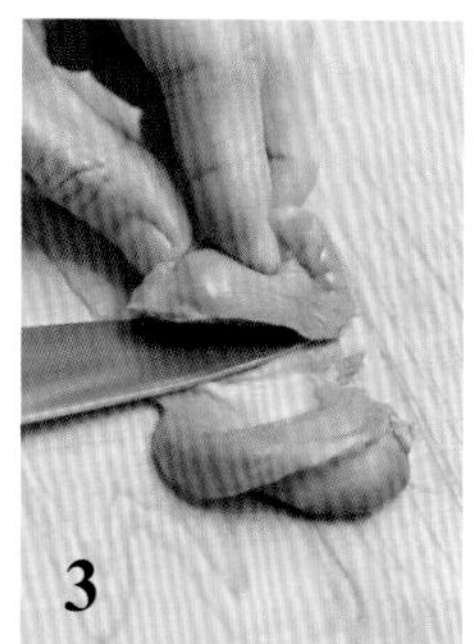
斜平入刀贴着银皮上方削切，以让银皮上残留的鸡胗尽量少。

把鸡胗从中央的银皮部分分离下来。

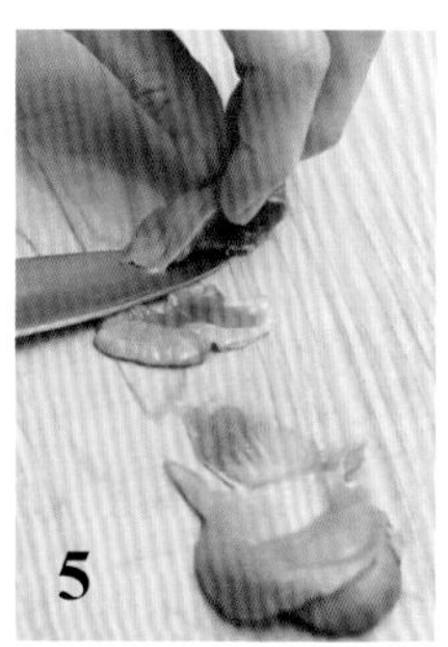
侧端的白色部分也以同样的方式分离下来。

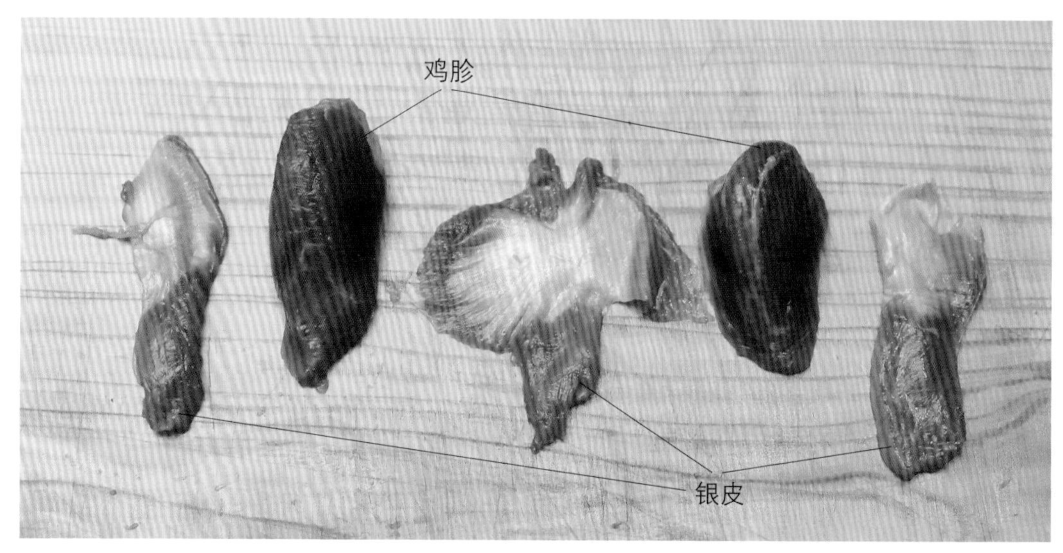

鸡胗和银皮。银皮不需要扔掉，快速汆水之后做甘辛煮会很美味。

◎鸡肝的烹饪要点

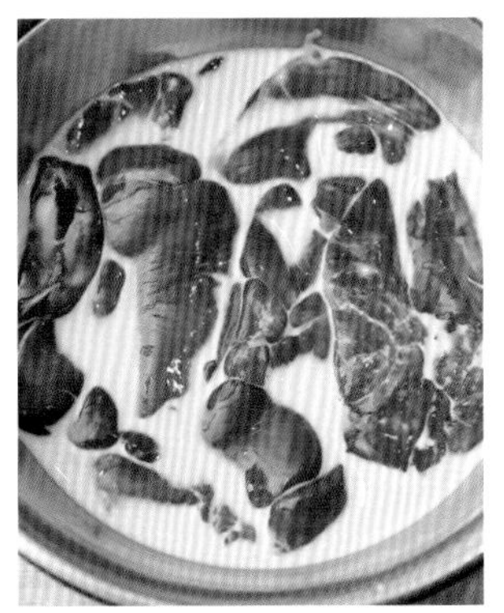

在牛奶中浸泡可以去除异味。

小火煮至柔嫩的程度即可。不要用大火。

◎鸡心的烹饪要点

鸡心用小火慢慢煮至变软就完成了。

◎鸡胗的烹饪要点

是快速炒一下会有脆脆口感的部位。

油炸时，要预先划出几道较深的口子。

鸡肝酱油煮

材料（2人份）

鸡肝…300 g

牛奶…1/2杯

A

- 清酒…1/2杯
- 酱油…1/2杯
- 味醂…1/4杯
- 黄金砂糖…50 g

黑胡椒粉…少许

日本柚子（香橙）皮…少许

做法

1 鸡肝去除血块和多余的脂肪（见p.161），在牛奶中浸泡20分钟左右（见p.163）。

2 锅中倒入水煮沸，1的鸡肝擦拭掉奶液之后放入沸水中快速汆烫一下。表面发白之后即捞起，用水稍微冲洗之后沥干水，切成一口大小。

3 另一个锅中放入A的所有材料，开火加热。煮沸之后加入2的鸡肝（见图a）。再次煮沸之后转小火，继续煮10分钟左右。关火，静置放凉。

4 盛入器皿中，撒上黑胡椒粉，摆上切成丝的日本柚子皮。

煮沸之后再加入事先已汆水的鸡肝，再次煮沸后转小火，慢慢煮至熟透。分数次加热可以让鸡肝煮得柔嫩且更入味。

「有着令人回味的醇厚味道，作为下饭或者下酒的小菜都很合适。加上日本柚子皮和黑胡椒粉，让味道更加鲜明。」

鸡肝炒青椒

材料（2人份）

鸡肝…200 g
牛奶…1/2杯
低筋面粉…适量
洋葱…1/2个
青椒…4个
A
清酒…1大勺
酱油…1大勺
味醂…1大勺
黑胡椒粉…少许
色拉油…1大勺

做法

1 鸡肝去除血块和多余的脂肪（见 p.161），在牛奶中浸泡 20 分钟左右（见 p.163）。用水稍微冲洗之后沥干水，切成一口大小，沾裹上低筋面粉。
2 洋葱切薄片散开成细条，青椒每个纵切成 4 等份。
3 平底锅中倒入色拉油加热，放入 1 的鸡肝翻炒。鸡肝变色之后加入 2 的洋葱和青椒，快速翻炒均匀。
4 加入 A 的所有材料翻炒均匀，盛入器皿中，撒上黑胡椒粉。

「快速翻炒后的青椒仍留存着清脆的口感，与鸡肝很搭配。」

鸡胗炒山药

材料（2人份）

鸡胗…200 g
菜豆…4根
山药…150 g
低筋面粉…适量
A
清酒…1大勺
酱油…1大勺
味醂…1大勺
柚子胡椒*…1/3小勺
鲣鱼干薄片（木鱼花）…适量
色拉油…2大勺

*柚子胡椒，是日本九州特有的调味料，多用日本柚子（香橙）的皮、青辣椒和盐等制成。

做法

1 鸡胗事先处理好（见 p.162），切成一口大小。菜豆按长度切成 3 等份。
2 山药切成 1 cm 见方粗的条，沾裹上低筋面粉。
3 平底锅中倒入色拉油加热，放入 2 的山药煎至金黄色。
4 在 3 的平底锅中再加入 1 的鸡胗和菜豆，翻炒均匀。鸡胗变色之后加入 A 的所有材料，继续翻炒。
5 盛入器皿中，撒上鲣鱼干薄片。

「沾裹上低筋面粉再煎的山药有着松软的口感，和柚子胡椒一起让鸡胗的味道得以进一步提升。」

意大利黑醋嫩煎鸡肝

材料（2人份）

鸡肝…200 g
牛奶…1/2杯
盐、黑胡椒粉…各少许
低筋面粉…适量
蘑菇…4个
黄油…20 g
A
意大利黑醋…2大勺
红葡萄酒…2大勺
酱油…1大勺
味醂…1大勺
砂糖…1小勺
小葱（切成小圆圈状）…3根

做法

1 鸡肝去除血块和多余的脂肪（见 p.161），在牛奶中浸泡 20 分钟左右（见 p.163）。用水稍微冲洗之后沥干水，切成一口大小。撒上盐、黑胡椒粉，沾裹上低筋面粉。

2 蘑菇每个切成 4 等份。

3 平底锅中加入黄油加热，黄油熔化之后加入 1 的鸡肝和 2 的蘑菇，一起煎炒。

4 鸡肝和蘑菇熟了之后加入 A 的所有材料，煮至收汁且食材表面呈现光泽感（见图 a）。

5 盛入器皿中，撒上小葱。

鸡肝和蘑菇煮至收汁且食材表面呈现光泽感。

「鸡肝的香醇味道，与意大利黑醋及红葡萄酒的气味完美融合。」

大蒜炒鸡胗

材料（2人份）
鸡胗…200 g
大蒜…1头
小葱…5根
A
清酒…1大勺
酱油…1大勺
味醂…1大勺
黑胡椒粉…少许
色拉油…1大勺

做法

1 鸡胗事先处理好（见 p.162），切成一口大小。小葱切成 5 cm 长的段。
2 大蒜剥皮之后分成一瓣一瓣的。一瓣太大的话可以切成两半。
3 平底锅中倒入色拉油加热，放入 2 的大蒜用小火慢慢炒。香味出来之后加入 1 的鸡胗（见图 a）和小葱，翻炒均匀。
4 鸡胗变色之后加入 A 的所有材料，快速翻炒（见图 b）。
5 盛入器皿中，撒上黑胡椒粉。

a 大蒜的香味散发出来之后再加入鸡胗，鸡胗也会染上香味。

b 加入 A 的所有材料之后要尽量快速地翻炒。

「鸡胗的爽脆、大蒜的绵软，让人停不下口。」

鸡心炒豆芽

材料（2人份）

鸡心…200 g
豆芽…1袋
青椒…1个
大蒜…30 g
A
清酒…1大勺
蚝油…2大勺
味醂…1大勺
黑胡椒粉…少许
色拉油…2大勺

做法

1 鸡心事先处理好（见p.161），切成一口大小。
2 青椒切成细条，大蒜切碎。
3 平底锅中倒入色拉油加热，放入1的鸡心翻炒，变色之后加入豆芽和2的蔬菜翻炒。
4 蔬菜变软之后加入A的所有材料，快速翻炒均匀。
5 盛入器皿中，撒上黑胡椒粉。

「欲享受鸡心特有的弹性和滋味，一定要搭配蔬菜一起炒。蚝油让味道更醇厚而有层次。」

味噌炒鸡心菌菇

材料（2人份）

鸡心…200 g
蟹味菇…1盒
灰树花菌…1盒
大葱…1/2根
A
清酒…2大勺
味噌…1大勺
味醂…1大勺
砂糖…1小勺
酱油…1小勺
辣椒粉…少许
色拉油…2大勺

做法

1 鸡心事先处理好（见p.161），切成一口大小。
2 蟹味菇和灰树花菌去掉柄末端的硬蒂，拆散。
3 大葱斜切成薄片。
4 平底锅中倒入色拉油加热，放入1的鸡心翻炒。变色之后加入2和3的蔬菜，继续翻炒。蟹味菇和灰树花菌变软之后加入A的所有材料，快速翻炒均匀。
5 盛入器皿中，撒上辣椒粉。

「味噌让味道更醇厚而有层次。菌类起到类似出汁的作用，让鸡心的味道得以进一步提升。」

冷制韭菜鸡肝

材料（2人份）
鸡肝…200 g
韭菜…1/2扎
牛奶…1/2杯
A
出汁（见p.23）…2杯
酱油…2大勺
味醂…2大勺
砂糖…1大勺
蒜泥…1/2小勺
温泉蛋…2个
辣椒粉…少许

做法
1 鸡肝去除血块和多余的脂肪（见 p.161），在牛奶中浸泡 20 分钟左右（见 p.163）。用水稍微冲洗之后沥干水，切成一口大小。
2 韭菜切成 5 cm 长。
3 锅中加入 A 的所有材料开火加热，煮沸之后加入 1 的鸡肝、2 的韭菜、蒜泥。再次煮沸之后转小火，煮 5 分钟左右。关火，静置冷却至不烫手的程度，再放入冰箱冷藏室中继续冷却。
4 盛入器皿中，摆上温泉蛋，撒上辣椒粉。

「鸡肝口感柔嫩，蒜泥和韭菜则带来了味觉冲击力，组合出美味的冷盘。」

鸡胗唐扬

材料（2人份）

鸡胗…200 g

A

- 清酒…1大勺
- 蒜泥…1/2小勺
- 盐…1小勺
- 黑胡椒粉…少许

淀粉…适量

柠檬…1/4个

蛋黄酱…适量

七味唐辛子*…适量

炸物油…适量

*七味唐辛子，又称为七味粉，是日本料理中常用的一种以辣椒为主材料，再混合芝麻、青海苔、胡椒等制成的调味粉。

做法

1 鸡胗事先处理好（见 p.162），用刀划出几道口子。加入 A 的所有材料揉搓，再静置 10 分钟使入味。

2 1的鸡胗沥干汁水，沾裹上淀粉。

3 放入 170 ℃的炸物油中炸 1~2 分钟（见图 a）。

4 盛入器皿中，摆上柠檬，配上蛋黄酱和七味唐辛子。

a

在炸鸡胗的过程中，为使空气进入食材，要一边炸一边搅拌炸物油，这样就能炸得很松脆。

「这种做法的鸡胗既筋道又松脆，口感非常棒。当然，和啤酒是绝配！」

裹炸一口鸡心

材料（2人份）

鸡心…200 g
盐、胡椒粉…各少许
低筋面粉…适量
A
- 鸡蛋…1个
- 牛奶…1/4杯
- 低筋面粉…50 g

生面包糠…适量
B
- 蜂蜜…2大勺
- 韩式辣椒酱…1小勺
- 醋…1小勺
- 酱油…2小勺

圆生菜叶…1片
柠檬…1/4个
炸物油…适量

做法

1 鸡心事先处理好（见 p.161），用盐、胡椒粉调味后沾裹上低筋面粉。
2 混合A的所有材料做成面衣糊，放入1的鸡心浸一下使表面裹上面衣糊，再沾裹上生面包糠。
3 将2的鸡心放入170 ℃的炸物油中炸2~3分钟（见图a）。
4 在器皿中铺上圆生菜叶，盛入3的鸡心，摆上柠檬。B的所有材料混合拌匀做成甜辣酱汁，搭配食用。

在炸鸡心的过程中，为使空气进入食材，要一边炸一边搅拌炸物油，这样就能炸得很松脆。

「蘸着蜂蜜和韩式辣椒酱等做成的甜辣酱汁，来品尝面衣酥脆、口感富于弹性的鸡心。」

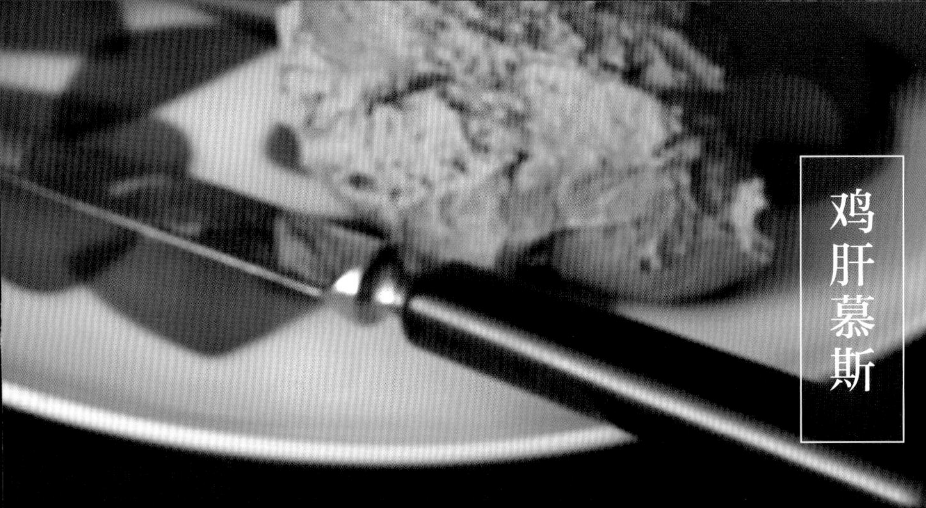

鸡肝慕斯

材料（2人份）

鸡肝…150 g
牛奶…1/2杯
洋葱…1/4个
大蒜…1瓣
盐…少许
胡椒粉…少许
色拉油…1大勺
A
　清酒…1大勺
　白兰地…1小勺
黄油…50 g
酱油…1大勺
西洋菜…1/2扎
樱桃萝卜…2个
法式面包…适量

做法

1 鸡肝去除血块和多余的脂肪（见 p.161），在牛奶中浸泡 20 分钟左右（见 p.163）。
2 洋葱切薄片散开成细条，大蒜切成薄片。
3 1 的鸡肝擦干汁水，整体撒上盐。
4 平底锅中倒入色拉油加热，放入 2 的材料用小火慢慢炒。炒至香气散发出来之后，加入 3 的鸡肝炒至变熟。
5 4 的材料中加入 A 的所有材料，稍微煮 1 ~ 2 分钟（见图 a），酒精蒸发掉之后关火。静置放凉。
6 用食品搅拌机把 5 的材料搅打成泥。再分次少量地一点一点加入常温软化的黄油，继续搅拌。
7 整体变得顺滑之后加入酱油，再次混合拌匀，移入密封容器中，放入冰箱冷藏室中冷却。
8 用勺子舀起盛入器皿中，撒上胡椒粉。摆上西洋菜、樱桃萝卜和法式面包。

a

加入清酒和白兰地，能去除鸡肝的异味，同时还能增添香气。

「让食物散发香气的白兰地和最后加入的酱油，是鲜美的秘密。吃起来绵软爽口！」

油封鸡肝

材料（2人份）

鸡肝…300 g
牛奶…1/2杯
盐、胡椒粉…各少许
生姜…10 g
月桂叶…2片
橄榄油…2½杯
粗粒黄芥末酱…少许
樱桃番茄…4个
菊苣…适量

做法

1 鸡肝去除血块和多余的脂肪（见 p.161），在牛奶中浸泡 20 分钟左右（见 p.163）。
2 生姜切成细丝。
3 1 的鸡肝擦拭干余水，切成一口大小，用盐、胡椒粉调味。
4 锅中放入 1 大勺橄榄油加热，放入 3 的鸡肝煎炒两面。
5 4 的锅中倒入剩余的橄榄油，加入月桂叶和 2 的生姜，小火慢炖 15 分钟左右（见图 a）。关火后留在锅中静置放凉。
6 盛入器皿中，配上粗粒黄芥末酱，摆上切成两半的樱桃番茄、菊苣。

用橄榄油来炖煮鸡肝，
用小火慢慢煮熟。

「煎炒之后，用橄榄油来炖煮可以封住美味。口感柔嫩，滋味醇厚。」

中式渍鸡胗

材料（2人份）

鸡胗…200 g

盐（揉搓用）…1大勺

A

- 水…2½杯
- 清酒…3大勺

大葱…1/3根

胡萝卜…30 g

白萝卜苗…1/2盒

B

- 芝麻油…2大勺
- 醋…2大勺
- 酱油…2大勺
- 砂糖…1大勺
- 生姜末…1小勺

炒白芝麻…适量

辣椒粉…少许

做法

1 鸡胗事先处理好（见p.162），切成一口大小。用盐揉搓，静置15分钟左右待用。

2 锅中放入A的所有材料，开火加热。煮至沸腾之后加入1的鸡胗，小火煮40分钟左右。

3 大葱斜切成薄片，胡萝卜切成细丝，白萝卜苗按长度对半切开。

4 2的鸡胗和3的蔬菜沥干水，放入大碗中。再放入B的所有材料混合拌匀。放入冰箱冷藏室中，静置1小时以上使入味。

5 盛入器皿中，撒上炒白芝麻和辣椒粉。

「越嚼越好吃的鸡胗有着独特的鲜味，和恰到好处的酸味形成味觉上的二重奏。」

山椒酱油渍鸡胗

材料（2人份）

鸡胗…200 g

A

- 水…2½杯
- 清酒…3大勺

山椒粒（粗粗切碎）…1大勺

B

- 酱油…1/2杯
- 出汁（见p.23）…1/2杯
- 砂糖…1½大勺

白萝卜泥…适量

酢橘…1/2个

做法

1 鸡胗事先处理好（见p.162），切成一口大小。

2 锅中放入A的所有材料，开火加热。煮至沸腾之后加入1的鸡胗，小火煮40分钟左右，沥干水。

3 在一个扁平的容器中混合山椒粒和B的所有材料，放入2的鸡胗腌渍1小时以上使入味。

4 盛入器皿中，配上白萝卜泥，摆上酢橘。

「用小火慢慢煮熟后再腌渍使入味。搭配口感清爽的白萝卜泥和气味刺激的山椒粒。」

皮蛋拌鸡心

材料（2人份）

鸡心…200 g

盐（揉搓用）…1大勺

A

- 水…2½杯
- 清酒…3大勺

皮蛋…1个

小葱…3根

B

- 色拉油…2大勺
- 酱油…1大勺
- 醋…1大勺
- 砂糖…1小勺
- 辣椒粉…少许

番茄…1/2个

炒白芝麻…少许

做法

1 鸡心事先处理好（见p.161），切成一口大小。用盐揉搓，静置10分钟待用。

2 锅中放入A的所有材料，开火加热。煮至沸腾之后加入1的鸡心，小火煮10分钟左右（见图a）。

3 皮蛋切成小碎块。小葱切成小圆圈状。

4 3的材料和B的所有材料混合拌匀。

5 2的鸡心、切成薄片的番茄一起盛入器皿中，再浇上4的酱汁，撒上炒白芝麻。

a

小火慢慢地煮熟，鸡心会有种软嫩湿润的口感。

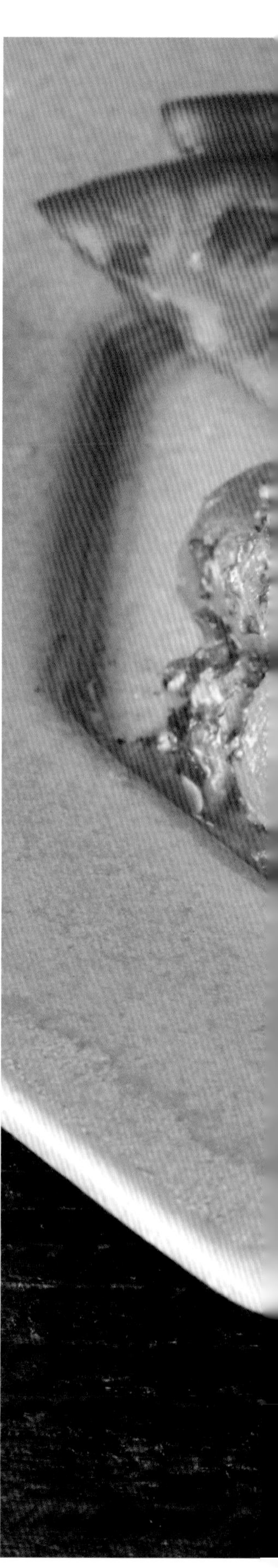

「用加了皮蛋的酱汁调拌，味道醇厚。」

索引

（按烹饪方式归类，有的食谱可能被归入多个类别）

炖煮类

蒸类

煎烤后腌渍类

煎烤（炒）后炖煮类

烤箱类

氽煮后腌渍类（拌菜类）

氽煮类

SAMPIRYORON KASAHARA MASAHIRO CHO · TORIDAIJITEN

First published in Japan in 2019 by KADOKAWA CORPORATION, Tokyo
Simplified Chinese translation rights arranged with KADOKAWA CORPORATION, Tokyo through CREEK & RIVER Co., Ltd..

备案号：豫著许可备字-2020-A-0221

图书在版编目（CIP）数据

笠原将弘的超·鸡料理事典/（日）笠原将弘著；葛婷婷译. —郑州：河南科学技术出版社，2022.12

ISBN 978-7-5725-0825-7

Ⅰ. ①笠… Ⅱ. ①笠… ②葛… Ⅲ. ①鸡肉-菜谱 Ⅳ. ①TS972.125.2

中国版本图书馆CIP数据核字（2022）第086560号

出版发行：河南科学技术出版社
地址：郑州市郑东新区祥盛街27号　　邮编：450016
电话：（0371）65737028　65788613
网址：www.hnstp.cn
策划编辑：李迎辉
责任编辑：李迎辉
责任校对：王晓红
封面设计：张　伟
责任印制：张艳芳
印　　刷：河南瑞之光印刷股份有限公司
经　　销：全国新华书店
开　　本：182 mm × 257 mm　1/16　　印张：12　　字数：305千字
版　　次：2022年12月第1版　　2022年12月第1次印刷
定　　价：79.00元